职业教育数字媒体技术应用专业系列教材

Adobe After Effects 2023
视频后期制作案例教程

主　审　刘鹏程

主　编　刘晓梅　李宝丽

副主编　刘文森　曹玉红　李彩霞　朱东梅

参　编　曹美利　李志芳　熊翠萍　邢继国

华中科技大学出版社
http://press.hust.edu.cn
中国·武汉

内容简介

本书依据教育部《中等职业学校数字媒体技术应用专业教学标准》，并参照相关行业规范编写，采用案例教学法，以"案例引领"方式介绍了视频制作的基础知识、After Effects 的基础知识、文件的基本操作、图层应用、关键帧动画、文字、蒙版和遮罩、抠像、过渡、调色效果、三维合成效果、跟踪与表达式的应用等内容，最后通过综合案例，结合 UI 动效制作、广告动画和包装栏目 3 个完整的工作流程对 After Effects 的操作进行了实践应用。全书结构合理清晰、图文并茂、生动活泼、形式新颖，文字表述规范、准确流畅，通过典型案例的制作过程，将软件功能和实际应用紧密结合，不但能有效提高读者应用 AE 的技能，还能夯实知识点，并提升读者的创作能力，使其快速胜任视频后期制作工作。

本书既可以作为职业院校"数字媒体技术应用专业"和"动漫与游戏设计"等专业的教材，也适合各类视频设计与视频制作的初学者学习使用，还可以作为从事影视后期处理工作人员的学习参考用书。

图书在版编目（CIP）数据

Adobe After Effects 2023 视频后期制作案例教程 / 刘晓梅，李宝丽主编 . —武汉 : 华中科技大学出版社 , 2023.7
ISBN 978-7-5680-9615-7

Ⅰ . ① A… Ⅱ . ①刘… ②李… Ⅲ . ①图像处理软件—职业教育—教材 Ⅳ . ① TP391.413

中国国家版本馆 CIP 数据核字（2023）第 134475 号

Adobe After Effects 2023 视频后期制作案例教程   刘晓梅　李宝丽　主编
Adobe After Effects 2023 Shipin Houqi Zhizuo Anli Jiaocheng

策划编辑：金　紫

责任编辑：陈　忠

封面设计：金　金

责任监印：朱　玢

出版发行：华中科技大学出版社（中国·武汉）　　　电话：（027）81321913

　　　　　武汉市东湖新技术开发区华工科技园　　　邮编：430223

录　　排：孙雅丽

印　　刷：湖北新华印务有限公司

开　　本：889mm×1194mm 1/16

印　　张：11.5

字　　数：355千字

版　　次：2023 年 7 月第 1 版第 1 次印刷

定　　价：49.80元

前 言

　　After Effects 是 Adobe 公司开发的一款功能强大的影视后期制作软件，简称 AE。AE 应用范围广泛，主要用于制作电影、电视、广告等影视作品中的特效、合成和动画等。

　　本书遵循"德技并修，将爱国精神、工匠精神融入到职业教育中"的理念，依据专业教学标准的要求和初学者的认知规律，对接职业标准和岗位能力要求，从实际应用角度出发，将职业技能和职业精神相融合，按照"强素养，精技能"的人才培养规格需求，并参照相关行业规范编写，循序渐进、深入浅出地介绍了 AE 的使用方法和技巧。本书采用"案例教学法"，通过案例任务的引领让读者在实践过程中掌握 AE 编辑制作视频的方法和技巧。选用实用、具有思政元素的典型工作任务，通过"任务描述""任务解析""操作步骤"等过程，先教读者一个应用 AE 进行实际操作的具体方法，然后系统地对该案例涉及的知识点进行全面解析，通过"岗位知识储备"帮助读者进一步掌握并扩展岗位知识，最后通过"巩固练习"，促进读者巩固所学知识并能熟练应用。通过对这些案例进行全面的分析和详细的讲解，不但能有效提高读者应用 AE 的技能，还能夯实知识点，并能提升读者的创作能力，使他们的思维更加开阔，实际设计水平不断提升，快速胜任视频后期制作工作。

　　全书共分 8 个模块，模块一介绍影视特效制作基本知识和 After Effects 的入门知识，初步了解 AE 文件的基本操作；模块二介绍图层的类型、基本属性、基本操作、关键帧动画等内容；模块三介绍蒙版和遮罩的应用；模块四介绍文字动画及预置文字动画；模块五介绍视频效果基本知识和常见的视频效果；模块六介绍三维图层、摄像机动画、三维灯光的应用；模块七介绍摄像机跟踪、两点跟踪、蒙版跟踪、表达式的控制和脚本的应用；模块八为综合应用，通过对典型案例的详细分析和制作过程讲解，将软件功能和实际应用紧密结合起来，全面掌握 AE 设计实际作品的技能。

　　本书教学应以操作训练为主，建议教学时数为 72 课时，其中上机时间不少于 60 课时。教学中的学时安排可参考下表。

模块	教学内容	学时
一	视频特效制作入门	6
二	图层应用与关键帧动画	8
三	蒙版和遮罩的应用	6
四	文字的应用	6
五	效果应用	10
六	三维合成效果	8
七	跟踪与表达式	12
八	综合应用	12
机动		4

为提高学习效率和教学效果，本书配套网络教学资源。本书使用的所有图片，音频、视频素材，以及源文件通过网站发布，供读者免费下载使用，不应用于商业用途。

本书由宁阳县职业中等专业学校刘晓梅、淄博工业学校李宝丽担任主编，淄博工业学校刘文森、曹玉红，青岛华夏职业学校李彩霞，烟台信息工程学校朱东梅担任副主编，宁阳县职业中等专业学校曹美利、青岛电子学校李志芳、国家动漫创意研发中心动漫发展研究院熊翠萍、冠县职业教育中心学校邢继国参与编写。全书由山东省济南商贸学校刘鹏程主审。

写作过程中，编者尽力为读者提供更好、更完善的内容，但由于水平有限，书中难免存在不足之处，恳请广大师生批评指正，以便我们修改和完善。读者意见反馈邮箱为 sdnylxm@163.com。

编者

2023 年 5 月

目 录 CONTENTS

模块一 视频特效制作入门   1

任务 1 我们都是追梦人——初识 After Effects 2023   1

模块二 图层应用与关键帧动画   17

任务 1 中国梦 读书梦——图层综合应用   17

任务 2 精益求精 共铸匠心——关键帧动画   32

模块三 蒙版和遮罩的应用   42

任务 1 初心向党 逐梦前行——蒙版和遮罩综合应用   42

任务 2 绽放的烟花——MG 动画   53

模块四 文字的应用   65

任务 1 满江红·小住京华——预置文字动画   65

任务 2 追梦少年——路径文字动画   72

模块五 效果应用   81

任务 1 "中国印象"片头——过渡效果组的应用   81

任务 2 风景秒变水墨画效果——调色效果的应用   87

任务 3 移花接木——键控抠像技术   93

模块六 三维合成效果   101

任务 1 品牌设计——三维图层   101

任务 2 法治中国——摄像机动画   108

任务 3 科技创新——三维灯光的使用   117

模块七　　跟踪与表达式　　128

任务 1　绿色乡村——摄像机跟踪　　128

任务 2　休闲乡村——两点跟踪　　131

任务 3　夜景乡村——蒙版跟踪　　133

任务 4　制作"健康生活"视频封面——表达式的控制　　137

任务 5　幸福之旅——脚本的应用　　144

模块八　　综合应用　　153

任务 1　UI 动效制作综合实例　　153

任务 2　广告动画综合实例　　160

任务 3　大风车—— 栏目包装综合实例　　167

After Effects(简称 AE) 是 Adobe 公司推出的一款视频特效处理软件，它能够制作出许多创新性的视频特效，在视频后期合成特效制作中发挥着重要的作用。在使用 AE 进行视频后期制作前，首先需要了解视频制作的基础知识，掌握 AE 的工作界面和基本操作。

 学习目标

1. 知识目标

了解视频制作的基础知识；

熟悉 AE 的工作界面；

掌握 AE 文件的基本操作和制作流程。

2. 能力目标

会新建文件，能够设置项目参数、创建合成。

任务1　我们都是追梦人——初识 After Effects 2023

 任务描述

通过"新建合成""导入"素材命令，设置图层模式、缩放和不透明度，熟悉软件的基本操作。最终效果如图 1-1 所示。

图 1-1　"我们都是追梦人"效果图

 任务解析

在本任务中，需要完成以下操作。

● 启动 AE，新建项目文件，进入 AE 工作界面。新建合成，利用"导入"命令将视频、图片素材导入项目面板。

● 添加素材到"时间轴"面板，添加"光效 .mp4"图层素材，设置图层混合模式。

● 设置文字的"缩放""不透明度"属性，制作最终效果。

 操作步骤

① 单击桌面左下角的"开始"按钮，选择"Adobe After Effects 2023"命令，启动 AE，在主页界面选择"新建项目"按钮，进入 After Effects 2023 工作界面。

② 执行 "文件→导入→文件 ..." 菜单命令，弹出 "导入文件" 对话框，选择 "背景 .mp4"，按住【Ctrl】键点击 "光效 .mp4" 和 "云层 .mov" 素材文件，选中素材，如图 1-2 所示，单击 "导入" 按钮。

图 1-2 "导入文件" 对话框

③ 按快捷键【Ctrl+I】，弹出 "导入文件" 对话框，选择 "我们都是追梦人 .psd"，单击 "导入" 按钮，在弹出的对话框中，"导入种类" 选择 "合成 - 保存图层大小"，"图层选项" 选择 "合并图层样式到素材"，如图 1-3 所示，把图片导入 "项目" 面板，如图 1-4 所示。

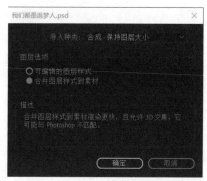

图 1-3 导入 "我们都是追梦人 .psd"

图 1-4 导入素材后的 "项目" 面板

④ 执行 "合成→新建合成" 菜单命令，弹出 "合成设置" 对话框，在 "合成名称" 文本框中输入 "我们都是追梦人"，其他选项的设置如图 1-5 所示，单击 "确定" 按钮，创建一个新的合成——"总合成"。

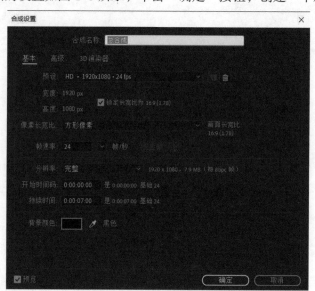

图 1-5 "合成设置" 对话框

⑤ 在"项目"面板中选择"云层 .mov"，按住【Ctrl】键依次选择"光效 .mp4"和"背景 .mp4"，拖曳到"时间轴"面板中，将"光效 .mp4"图层的模式设置为"柔光"，如图 1-6 所示。

图 1-6　"时间轴"面板和"合成"面板效果

⑥ 在"项目"面板中选择"我们都是追梦人 .psd"合成，将其拖曳到"时间轴"面板中，将"当前时间指示器" 移动到 03s 处，选中"我们都是追梦人 .psd"图层，按快捷键【Alt+[】设置入点，"时间轴"面板如图 1-7 所示。

图 1-7　"时间轴"面板

⑦ 选中"我们都是追梦人 .psd"图层，按【S】键显示"缩放"属性，单击属性名称左侧的"时间变化秒表"按钮 ，开启关键帧，然后设置"缩放"为"0%"，将时间指示器移动至 0:00:03:15 处，设置"缩放"为"16%"，按【P】键显示"位置"属性，设置"位置"为"960.0，380.0"。

⑧ 执行"合成→添加到渲染队列"菜单命令，打开"渲染队列"面板，如图 1-8 所示，单击"渲染"按钮，开始渲染视频，保存文件。

图 1-8　"渲染队列"面板

1.1　视频特效制作基础

1. 常用术语

（1）帧和帧速率

帧和帧速率是视频制作中常用的术语，对视频画面的清晰度、流畅度和文件大小有重要影响。

帧就是视频动画中最小单位的单幅画面，相当于电影胶片上的一格镜头。一帧就是一幅静止的画面，连续的多帧就能形成动态的画面效果。帧速率也称为 fps（frames per second 的缩写），是指每秒钟传输的帧数，以帧 / 秒为单位，每秒钟帧数 (fps) 越多，所显示的视频就会越流畅。例如，25fps 是指每秒钟播放 25 张画面，一般来说，帧速率越大，视频画面越流畅连贯，但视频时长越长，相应的视频文件越大。

（2）像素与分辨率

像素是由很多个小方格组成的，这些小方格都有一个明确的位置和被分配的色彩数值，而这些小方格的颜色和位置组合在一起就决定了图像所呈现出来的样子，通常以每英寸的像素数目来衡量。

分辨率是指单位长度内所包含的像素点的数量，主要用于控制屏幕图像的精密度，常见的分辨率有 1080、1024、1920、2K、4K、8K。分辨率的计算方法是：横向的像素点数量 × 纵向的像素点数量。例如，1920×1080 就表示共有 1080 条水平线，每条水平线上都有 1920 个像素点。当构成图像的像素数过大时，用 K 来表示，$1K=2^{10}=1024$，$2K=2^{11}=2048$，$4K=2^{12}=4096$。

（3）像素长宽比

像素长宽比是指在放大作品到极限时看到的每一个像素的长度与宽度的比例，如方形像素的像素长宽比为"1.0"。像素在计算机和电视中的显示模式并不相同，通常在计算机中为正方形，而在电视等设备中为矩形。

（4）电视制式

电视信号的标准也称为电视的制式。目前各国的电视制式不尽相同，制式的区分主要在于其帧频（场频）的不同、分解率的不同、信号带宽以及载频的不同、色彩空间的转换关系不同等，目前世界上用于彩色电视的主要有以下 3 种制式。

● NTSC 制式：美国国家电视委员会（National Television System Committee）的缩写命名，属于同时制。这种制式的特点为正交平衡调幅制式，包括了平衡调制和正交调制两种。NTSC 制式有相位容易失真、色彩不太稳定的缺点。这种制式的视频标准为：每秒 29.97 帧（简化为 30 帧），每帧 525 行，水平分辨率为 240～400 个像素点，采用隔行扫描，场频为 60Hz，行频为 15.634kHz，标准分辨率为 720 像素 ×480 像素。采用 NTSC 制的国家有美国、日本、加拿大等。

● PAL 制式：英文 Phase Alteration Line 的缩写，意思是逐行倒相，也属于同时制。PAL 制式是为了克服 NTSC 制式对相位失真的敏感性，在 1962 年由联邦德国在综合 NTSC 制的技术成就基础上研制出来的一种改进方案。这种制式的视频标准为：每秒 25 帧，每帧 625 行，水平分辨率为 240～400 个像素点，隔行扫描，场频为 50Hz，行频为 15.625kHz，标准分辨率为 720 像素 ×576 像素。采用 PAL 制的国家较多，如中国、德国、新加坡和澳大利亚等。

● SECAM 制式：法文 Sequentiel Couleur A Memoire 的缩写，意为"按顺序传送彩色与存储"，首先用在法国的模拟彩色电视系统，是系统化一个 8MHz 宽的调制信号。该制式于 1966 年由法国研制成功，属于同时顺序制，特点是不怕干扰，彩色效果好，但兼容性差。这种制式的视频标准为：每秒 25 帧，每帧 625 行，隔行扫描，场频为 50Hz，行频为 15.625kHz，标准分辨率为 720 像 素 ×576 像素。采用这种制式的国家主要有法国、中东地区国家、俄罗斯和西欧国家等。

（5）时间码

视频编辑中，通常用时间码来识别和记录视频数据流中的每一帧，从一段视频的起始帧到终止帧，其间的每一帧都有唯一的时间码地址。根据电影与电视工程师协会（SMPTE）使用的时间码标准，其格式是"时：分：秒：帧（Hours：Minutes：Seconds：Frames）"，用来描述剪辑持续的时间。若时基设定为每秒 30 帧，则持续时间为 00:03:30:15 的剪辑表示它将播放 3 分 30.5 秒。

2. 常用的文件格式

（1）常用的图像文件格式

● JPEG：常用的一种图像格式，文件的扩展名为 .jpg 或 .jpeg。

● PSD：Adobe 公司的图形设计软件 Photoshop 的专用格式，扩展名为 .psd。PSD 文件可以存储成 RGB 或 CMYK 模式，还能够自定义颜色数并加以存储，还可以保存层、通道、路径等信息。

● TIFF：一种灵活的位图文件格式，扩展名为 .tif，是基于标记的文件格式，广泛地应用于对图像质量要求较高的图像的存储与转换。

● TGA：一种图形、图像数据的通用格式，扩展名为 .tga，在多媒体领域有很大影响，是计算机生成图像向电视转换的一种首选格式。

● PNG：一种采用无损压缩算法的位图格式，扩展名为 .png，显著特点是生成文件的体积小、无损压缩、支持透明效果等。

● AI：Adobe 公司的矢量制图软件 Illustrator 生成的格式，扩展名为 .ai。AI 文件也是一种分层文件，每个对象都是独立的，它们具有各自的属性，如大小、形状、轮廓、颜色、位置等。

（2）常用的视频动画文件格式

● AVI：可以将视频和音频交织在一起进行同步播放，扩展名为 .avi。

● MOV：也叫 QuickTime 格式，是苹果公司开发的一种视频格式，在图像质量和文件大小的处理上具有很好的平衡性，扩展名为 .mov。

● WMV：微软公司推出的一种流媒体格式，是一种独立于编码方式的在 Internet 上实时传播的多媒体技术标准，在同等视频质量下，WMV 格式的体积非常小，因此很适合在网上播放和传输，扩展名为 .wmv。

● MP4：一种标准的数字多媒体容器格式，扩展名为 .mp4。

● GIF：一种无损压缩文件格式，扩展名为 .gif。

（3）常用的音频文件格式

● WAV：微软公司开发的一种声音文件格式，也称为波形声音文件格式，是最早的数字音频格式，也是一种非压缩音频格式，扩展名为 .wav。

● MP3：一种有损压缩的音频格式，能够在音质丢失很少的情况下把文件压缩到更小的程度，而且还能非常好地保持原来的音质，扩展名为 .mp3。

（4）项目类文件格式

● PRPROJ：Premiere Pro 软件的项目文件，扩展名为 .prproj。

● AEP：After Effects 软件的项目文件，扩展名为 .aep。

1.2 After Effects 的基础知识

1. 启动和退出 After Effects 2023

（1）启动 After Effects 2023

启动 After Effects 2023 主要有以下 3 种方式。

● 单击桌面左下角的"开始"按钮■，选择"Adobe After Effects 2023"命令。

● 在弹出的菜单中双击在桌面上的 Adobe After Effects 2023 快捷方式图标 Ae 。

● 在计算机中打开一个 After Effects 项目文件启动软件。

（2）退出 After Effects 2023

● 单击 After Effects 2023 工作界面右上角的"关闭"按钮 ✕ 。

● 在 After Effects 2023 工作界面中选择"文件→退出"命令。

● 在 After Effects 2023 工作界面中按快捷键【Ctrl+Q】。

2. 认识 After Effects 工作界面

启动 After Effects 2023 后，会出现欢迎界面，单击"新建项目"按钮，将进入 After Effects 2023（以下简称 AE）默认的工作界面，该工作界面由标题栏、菜单栏、工具栏、"工具"面板、"效果控件"面板、"项目"面板、"合成"面板、"时间轴"面板、"效果和预设"面板、"信息"面板及多个控制面板组成，如图 1-9 所示。

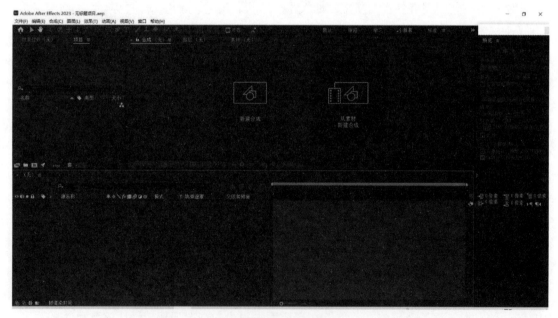

图 1-9　工作界面

（1）标题栏

标题栏位于 AE 工作界面的最上方，左侧用于显示软件版本、文件名称等基本信息，右侧可以进行最小化、最大化、还原和关闭工作界面等操作。

（2）菜单栏

菜单栏位于标题栏下方，共有 9 个菜单项类型，包括文件、编辑、合成、图层、效果、动画、视图、窗口和帮助。各菜单项的主要作用如下。

● "文件"菜单项：主要对 AE 文件进行新建、打开、保存、关闭、导入、导出等操作。

● "编辑"菜单项：主要对当前操作进行撤销或还原，对当前所选对象（如图层、关键帧）进行剪切、复制、粘贴等操作。

● "合成"菜单项：主要进行新建合成、设置合成等与合成相关的操作。

● "图层"菜单项：主要进行新建各种类型的图层，并对图层使用蒙版、遮罩、形状路径等与图层相关的操作。

● "效果"菜单项：主要对"时间轴"面板中所选图层应用各种 AE 预设的效果。

● "动画"菜单项：主要管理"时间轴"面板中的关键帧，如设置关键帧插值、调整关键帧速度、添加表达式等。

● "视图"菜单项：主要用于控制"合成"面板中显示的内容，如标尺、参考线等，也可以调整"合成"面板的大小和显示方式。

● "窗口"菜单项：主要用于开启和关闭各面板。单击该菜单项后，各面板选项左侧若出现标记，则表示该面板已经显示在工作界面中，再次选择该选项，标记将会消失，说明该面板没有显示在工作界面中。

● "帮助"菜单项：主要用于了解 AE 的具体情况和各种帮助信息。

（3）"工具"面板

"工具"面板位于菜单栏下方，主要包括 3 个部分，最左边为"主页"按钮█，中间部分为工具属性栏，右侧为工作模式选项。

单击"主页"按钮█可以打开 AE 的主页界面，在主页界面可以进行新建项目、打开项目等操作。

工具属性栏集成了操作时最为常用的工具按钮，有的工具右下角有一个小三角图标，表示这个是一个工具组，在该工具上按住鼠标左键不放，可显示该工具组中隐藏的工具，如图 1–10 所示。

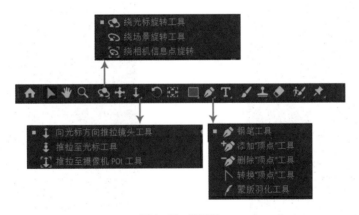

图 1–10　工具栏

● "选取工具（V）"█：使用该工具可选择和移动对象，还可调节对象的关键帧，为对象设置入点和出点。

● "手形工具（H）"█：选择该工具后，在"合成"面板或"图层"面板中按住鼠标左键并拖曳，可移动对象的显示位置。

● "缩放工具（Z）"█：可用于放大和缩小"合成"面板或"图层"面板中显示的对象。按住【Alt】键可切换为缩小模式。

● "旋转工具（W）"█：可对"合成"面板中的对象进行旋转操作。

● "绕光标旋转工具"█：该工具在 3D 图层打开后才能使用，可绕光标点击位置移动摄像机，快捷键为【1】或【Shift+1】。在该工具上按住鼠标左键不放，可显示出隐藏的"绕场景旋转工具"█、"绕相机信息点旋转"█，这些工具可用于在三维空间内旋转、移动和缩放摄像机。

● "在光标下平移工具" ➕：平移速度相对于光标点击位置发生变化，快捷键为【2】或【Shift+2】。在该工具上按住鼠标左键不放，可显示出隐藏的"平移摄像机 POI 工具" ➕。

● "向光标方向推拉镜头工具" ↕：将镜头从合成中心推向光标点击位置，快捷键为【3】或【Shift+3】。在该工具上按住鼠标左键不放，可显示出隐藏的"推拉至光标工具" ↕ 和"推拉至摄像机 POI 工具" ↕。

● "向后平移（锚点）工具（Y）" ⊕：用于调整对象的锚点位置。

● "矩形工具" ▭：可在画面中绘制矩形或创建矩形蒙版。在该工具上按住鼠标左键不放，可显示出隐藏的"圆角矩形工具" ▢、"椭圆工具" ⬤、"多边形工具" ⬡ 和"星形工具" ☆，这些隐藏工具的功能和操作与"矩形工具"相同。

● "钢笔工具" ✎：可在画面中创建形状、路径和蒙版。在该工具上按住鼠标左键不放，可显示出隐藏的"添加'顶点'工具"（可增加锚点）、"删除'顶点'工具"（可删除锚点）、"转换'顶点'工具"（可转换锚点）和"蒙版羽化工具"（可在蒙版中进行羽化操作）。

● "横排文字工具" Ｔ：可在"合成"中输入横排文字。在该工具上按住鼠标左键不放，可显示出隐藏的"直排文字工具"，用于在素材中输入直排文字，其操作方法与"横排文字工具"相同。

● "画笔工具" 🖌：可在画面中绘制图像，但需要双击"时间轴"面板中的素材图层名称，进入"图层"面板才能使用，然后在"画笔"面板中调整画笔形状、大小、硬度、不透明度等，如图 1-11 所示。

● "仿制图章工具" ▣：可在画面中复制和取样图像，但只能在"图层"面板中使用。使用方法：在"图层"面板中将鼠标指针移动到需要复制的位置，按住【Alt】键，单击可以吸取该位置的图像或者颜色，然后在需要复制的内容处单击鼠标左键或按住鼠标左键并拖曳，在"绘画"面板中调整仿制选项等，如图 1-12 所示。

图 1-11　"画笔"面板　　　　　　　　图 1-12　"绘画"面板

● "橡皮擦工具" ◈：可擦除画面中的像素，然后显示出背景色，但也只能在"图层"面板中使用。

● "Roto 笔刷工具" 🖌：可将前景对象从背景中快速分离出来，类似于 Photoshop 中的快速蒙版和魔术棒功能。在该工具上按住鼠标左键不放，可显示出隐藏的"调整边缘工具"。

● "人偶位置控点工具 ✦"：用于设置控制点位置。在该工具上按住鼠标左键不放，可显示出隐藏的"人偶固化控点工具"（用于添加固化控制点，可让固化部分不易发生变形）、"人偶弯曲控点工具"（用于添加弯曲控制点，可让对象的某部分弯曲变形，但不改变位置）、"人偶高级控点工具"（用于添加高级控制点，可完全控制图像中的位置、弯曲程度）、"人偶重叠控点工具"（用于添加重叠控制点，可设置重叠时对象中的哪一部分位于上方）。该组工具主要用于制作一些运动效果，如人物运动时关节之间的动画。

单击某个按钮，当其呈蓝色显示时，说明该按钮处于激活状态。此时在"合成"面板或"图层"面板中可使用该工具进行操作，然后在"工具"面板右侧激活的工具属性栏中设置工具的属性参数。

（4）工作模式选项

在工作模式选项中，用户可根据自身需求选择不同模式的工作界面，主要包括默认、审阅和学习 3 种工作模式。在工作模式选项右侧单击 >> 按钮，可在弹出的菜单中查看其他工作模式，如图 1-13 所示；或选择"窗口→工作区"命令，在弹出的子菜单中选择不同的工作模式命令，进入相应的工作模式，如图 1-14 所示。不同的工作模式适用于不同的操作场景，如动画工作模式适用于动画制作，颜色工作模式适用于调色处理，绘画工作模式适用于绘画操作。

图 1-13　工作模式选项

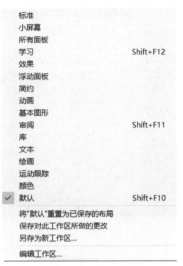

图 1-14　工作区菜单

（5）"项目"面板

在"项目"面板上可以新建、合成文件夹以及其他类型的文件，还可以导入素材、管理素材，所有导入 AE 中的素材都显示在该面板中，如图 1-15 所示。"项目"面板中部分选项介绍如下。

图 1-15　"项目"面板

搜索栏：当"项目"面板中的素材过多时，可单击搜索栏，在其中搜索、查找需要的素材。

● "解释素材"按钮：在"项目"面板中选择某素材，单击该按钮，将打开"解释素材"对话框，可在其中设置素材的 Alpha、帧速率等参数。

● "新建文件夹"按钮：单击该按钮，可在"项目"面板中新建一个文件夹，对素材进行分类管理。

● "新建合成"按钮：单击该按钮，可在"项目"面板中新建一个空白合成。

● "项目设置"按钮 : 单击该按钮，打开"项目设置"对话框，可在其中调整项目渲染设置、时间显示样式等。

●按钮 8 bpc ：单击该按钮，同样将打开"项目设置"对话框，并默认选择"颜色"选项卡，可调整项目的颜色深度。按住【Alt】键单击该按钮，可循环查看项目的颜色深度。

● "删除所选项目项"按钮 ![](: 选择不需要的素材文件，单击该按钮，可将选中的素材文件删除。

（6）"合成"面板

"合成"面板主要用于显示当前合成的画面效果，如图 1-16 所示。"合成"面板中部分选项介绍如下。

图 1-16 "合成"面板

● "放大率弹出式菜单"按钮 (33%) ✓ ：可显示和控制文件当前在"合成"面板中预览的放大率。默认情况下，放大率会设置为适应当前面板大小。

● "切换透明网格"按钮 ![](: 单击该按钮，把画面中的背景显示为透明网格形式。

● "切换蒙版和形状路径可见性"按钮 ![](: 可在视图中显示或隐藏蒙版路径和形状路径。

● "拍摄快照"按钮 ![](: 主要用于前后对比，但保存的图片在 AE 缓存文件中，无法调出继续使用。

● 0:00:00:00 按钮：单击该按钮，可打开"转到时间"对话框，在其中设置时间指示器跳转的具体时间点。

（7）"时间轴"面板

"时间轴"面板包含两大部分，左侧为图层控制区，右侧为时间控制区，如图 1-17 所示。其中左侧区域用于管理和设置图层对应素材的各种属性，右侧区域用于为对应的图层添加关键帧以实现动态效果。

图层控制区   时间控制区

图 1-17 "时间轴"面板

图层控制区中部分选项介绍如下。

● "时间码" `0:00:00:00`：用于显示当前时间指示器所处时间。单击该数字，可对其进行编辑，按住【Ctrl】键单击该数字，可转换显示样式。

● "合成微型流程图（【Tab】键）"按钮 ：用于快速显示合成的架构。单击该按钮并直接按【Tab】键，此时鼠标指针指示位置就是微型流程图显示位置。

● 按钮：可隐藏设置了"消隐"开关的所有图层。

● 按钮：可对设置了"帧混合"开关的所有图层启用帧混合效果。

● 按钮：用于为设置了"运动模糊"开关的所有图层启用运动模糊效果。

● "图表编辑器"按钮 ：单击该按钮，可开启或关闭帧的图表编辑窗口的开关。

● 按钮：用于显示或隐藏图层。

● 按钮：用于启用或关闭视频中的音频。

● 按钮：用于仅显示本图层。

● 按钮：用于锁定图层，快捷键为【Ctrl+L】。图层锁定后不能进行任何编辑和操作，按【Ctrl+Shift+L】键可解锁所有锁定的图层。

● 按钮：用于设置图层标签，可使用不同的标签颜色来分类图层，还可以用于选择标签组。

● 按钮：表示图层序号，可按数字小键盘上的数字键选择对应序号的图层。

父级和链接：用于指定父级图层。在父级图层所做的操作都将自动应用到子级图层的对应属性上，不透明度属性除外。

图层控制区还包括了 4 个主要窗格："展开或折叠图层开关"窗格 、"展开或折叠转换控制"窗格 、"展开或折叠入点/出点、持续时间、伸缩"窗格和"展开或折叠渲染时间窗格" 。用"时间轴"面板左下角的 4 个按钮来控制显示或隐藏这 4 个窗格。

（8）其他面板

在"默认"工作模式中，部分其他工具面板位于"合成"面板右侧，如"信息"面板、"音频"面板、"预览"面板、"效果和预设"面板、"对齐"面板、"库"面板等，还有些面板由于工作界面布局有限已被隐藏。操作中可结合菜单栏中的"窗口"命令来调整需要在工作界面中显示的面板，以方便使用。

虽然这些面板没有全部显示在工作区域，但是操作时有些会使用到，因此也需要了解其中常用的面板，具体在本书后面的章节会进行介绍。

1.3 文件的基本操作

1. 新建项目文件和合成文件

新建项目文件和合成文件是 AE 中最基础的操作之一。项目文件包括整个项目中所有引用的素材以及合成文件。其中，合成文件是一个组合素材、特效的容器，AE 中的大部分工作都是在合成中完成的，一个项目文件可以包括一个或多个合成文件。

（1）新建项目文件

新建项目文件的方法主要有以下两种。

●在主页新建：启动 AE，在"主页"界面中单击"新建项目"按钮。

●通过菜单命令新建：在 AE 工作界面中，选择"文件→新建→新建项目"菜单命令，或按快捷键【Ctrl+Alt+N】。

（2）新建合成文件

新建合成文件的方法主要有两种：新建空白合成文件和基于素材新建合成文件。

空白合成文件中没有任何内容，需要用户自行添加素材。新建空白合成文件的方法主要有以下 3 种。

●通过菜单命令新建：选择"合成→新建合成"命令，或按快捷键【Ctrl+N】。

●通过"合成"面板新建：新建项目文件后，可直接在"合成"面板中选择"新建合成"选项。

●通过"项目"面板新建：在"项目"面板空白处单击鼠标右键，在弹出的快捷菜单中选择"新建合成"命令，或单击"项目"面板底部的"新建合成"按钮。

执行上述 3 种操作都将打开"合成设置"对话框，如图 1-5 所示。

"合成设置"对话框中部分选项介绍如下。

●合成名称：主要用于命名合成，为便于对文件的管理，尽量不使用默认的名称。

●预设："预设"下拉列表中包含了 AE 预留的许多预设类型，选择其中某种预设后，将自动定义文件的宽度、高度、像素长宽比等，如需要自定义合成文件属性，可选择"自定义"选项来自行设置。

●宽度、高度：可设置合成文件的宽度和高度，勾选"锁定长宽比"复选框，宽度和高度会同时发生变化。

●像素长宽比：根据素材需要自行选择，默认选择"方形像素"。

●帧速率：帧速率越高，画面越精细，所占内存也越大。

●开始时间码：用于设置合成文件播放时的开始时间，默认为 0 帧。

●持续时间：设置合成文件播放的具体时长。

●背景颜色：设置合成文件的背景颜色，默认为黑色。

在"合成设置"对话框的"高级"选项卡中可以设置合成图像的轴心点，嵌套时合成图像的帧速率，以及运用运动模糊效果后模糊量的强度和方向，如图 1-18 所示。在"3D 渲染器"选项卡中可以选择 AE 进行三维渲染时使用的渲染器，如图 1-19 所示。

图 1-18　高级选项卡

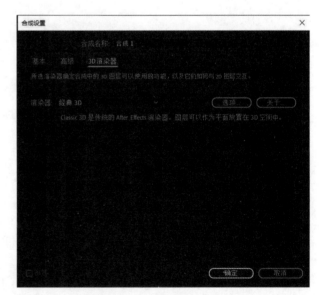

图 1-19　"3D 渲染器"选项卡

基于素材新建合成文件：每个素材都有自带的属性，如高度、宽度、像素长宽比等，用户也可以根据素材已有的这些属性建立对应的合成文件。

基于素材新建合成文件的方法主要有以下 3 种。

●通过按钮新建：新建项目文件后，可直接在"合成"面板中单击"从素材新建合成"按钮，打开"导入文件"对话框，选择需要的素材文件后，单击"导入"按钮，AE 将根据素材属性自动创建相同属性的合成文件，素材将以图层形式出现在"合成"面板中，合成名称为素材名称。

●通过菜单命令新建：在"项目"面板中选择需要的素材，单击鼠标右键，在弹出的快捷菜单中选择"基于所选项新建合成"命令。

●通过拖曳操作新建：在"项目"面板中选择需要的素材，将其拖曳至"项目"面板底部的"新建合成"按钮 上释放鼠标左键，或将选择的素材直接拖曳到"时间轴"面板或"合成"面板中。

选择两个及以上的素材新建合成文件时，将打开"基于所选项新建合成"对话框，如图1-20所示。合成文件新建完成后，"时间轴"面板中显示的素材图层堆叠顺序取决于选择素材时的顺序。

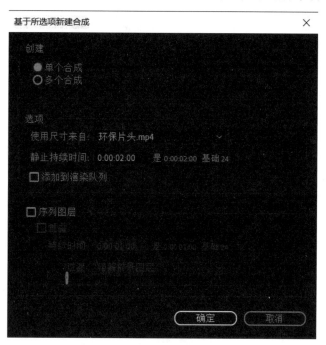

图1-20 "基于所选项新建合成"对话框

"单个合成"单选项：选中该单选项，可将选中的所有素材合并在一个合成文件中，然后在"使用尺寸来自"下拉列表中选择合成文件需要遵循的素材文件属性。

"多个合成"单选项：选中该单选项，可为选中的每一个素材单独创建一个合成文件，此时"使用尺寸来自"下拉列表被禁用。

要修改新建后的合成文件属性，选中需要修改的合成，可在菜单栏中选择"合成→合成设置"命令或按快捷键【Ctrl+K】，打开"合成设置"对话框，在其中重新设置合成属性。

2. 导入和替换素材文件

AE可以导入多种素材文件，包括静态图像、视频、音频等，导入素材后需要更改该素材，如果该素材已经被应用于项目制作中，还可以进行素材替换操作。

（1）导入素材文件

导入素材文件的方法主要有以下3种。

●基本操作：选择"文件→导入→文件…"命令或在"项目"面板中的空白区域双击鼠标左键，或在空白区域单击鼠标右键，在弹出的快捷菜单中选择"导入→文件"命令，或直接按快捷键【Ctrl+I】，都将打开"导入文件"对话框，从中可选择需要导入的一个或多个素材文件，单击"导入"按钮完成导入操作。

●导入序列：序列是指一组名称连续且后缀名相同的素材文件，如"01(1).png""01(2).png""01(3).png"等。打开"导入文件"对话框后，选择"01(1).png"文件，可勾选对话框中的"PNG序列"复选框，然后单击"导入"按钮，AE将自动导入所有连续编号的素材序列，如图1-21所示。如果是其他素材序列，则复选框的名称会有所变动，但位置不变。

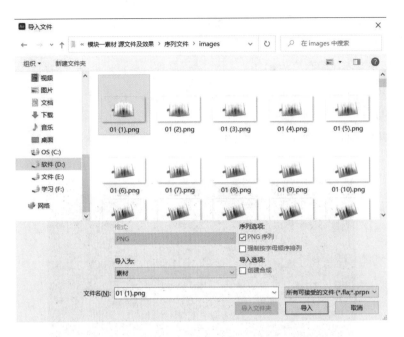

图1-21 导入"序列"图片

●导入分层素材：当导入含有图层信息的素材时，可以通过设置导入方式来保留素材中的图层信息。例如，导入 Photoshop 生成的 PSD 文件，在"导入文件"对话框中选择 PSD 文件并单击"导入"按钮后，将打开对应素材名称的对话框。在"导入文件"对话框中的"导入种类"下拉列表中选择"素材"选项，并选中"合并的图层"单选项，则导入的素材仅为一个合并的图层；选中"选择图层"单选项，则可分图层导入，如图 1-22 所示。若在"导入种类"下拉列表中选择"合成"选项，再选中"可编辑的图层样式"单选项，则导入的素材将完整保留 PSD 文件的所有图层信息，并支持编辑图层样式；选中"合并图层样式到素材"单选项，则图层样式不可编辑，但素材渲染速度更快，如图 1-23 所示。

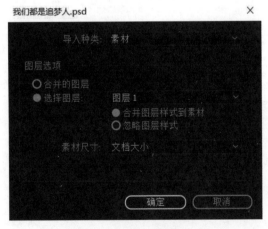

图1-22 导入分层素材

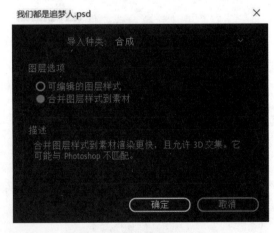

图1-23 导入分层素材到合成

（2）替换素材

如果项目文件中的素材不符合制作需要，或者素材丢失，可以进行素材替换操作。其操作方法为：在"项目"面板中选择需要替换的素材，单击鼠标右键，在弹出的快捷菜单中选择"替换素材→文件"命令，打开"替换素材文件"对话框，双击新素材进行替换。

3. 链接素材文件

在"项目"面板中显示的素材都只是相应源文件的链接，而不是导入的素材本身。因此，修改源文件后，AE 项目文件中的素材也会相应地修改。同时，若源文件被删除、移走，或其他情况导致 AE 无法访问源文件，则 AE 将会发出警告，如图 1-24 所示。

图 1-24　"警告"对话框

解决方法：可先将缺失的素材重新移动到源位置，然后在"项目"面板中选择缺少链接的素材，单击鼠标右键，在弹出的快捷菜单中选择"重新链接素材"命令，或在菜单栏中选择"文件→重新链接素材"命令，或关闭缺少链接的 AE 项目文件后重新打开，AE 将会重新访问源文件。

4. 保存和另存项目文件

保存项目主要通过保存和另存文件两种命令进行操作。

● "保存"命令：选择"文件→保存"命令，或直接按快捷键【Ctrl+S】，可直接保存当前项目。若没有保存过该项目，则在使用该命令时会打开"另存为"对话框，需设置文件名后才能保存；若已经保存过该项目，则在使用该命令时会自动覆盖已经保存过的项目。

● "另存为"命令：选择"文件→另存为"命令或直接按快捷键【Ctrl+Shift+S】，打开"另存为"对话框，输入文件名，设置保存类型和位置，单击"保存"按钮保存文件。

5. 工程打包和整理

如果项目中使用的素材不在一个文件夹中，可以执行"打包"命令把文件收集在一个目录中。执行"文件→整理工程（文件）→收集文件"命令，在弹出的对话框中单击"收集"按钮，会弹出"将文件收集到文件夹中"对话框，选择打包存储路径，单击"保存"即可完成打包操作，如图 1-25 所示。

图 1-25　"收集文件"对话框

岗位知识储备——After Effects 的应用领域

After Effects 是一款常用的影视后期制作软件，功能非常强大，主要用于制作电影、电视、广告等影视作品中的特效、合成和动画等。以下是 AE 软件的使用领域。

① 影视制作。AE 软件可以用于电影、电视剧、动画片等影视作品的后期特效制作和合成，例如在电影中添加爆炸、火灾、特技场景等特效，还可以制作片头、字幕等动画效果。

② 广告制作。AE 软件可以用于广告制作中的特效制作和动画制作，例如制作产品广告的特效、动画 logo 等。

③ 网络媒体。AE 软件可以用于网络媒体内容制作，例如制作视频、微电影、宣传片等。

④ 教育培训。AE 软件可以用于教育培训领域，例如制作教学视频、宣传片等。

⑤ 其他领域。AE 软件可以用于制作音乐 MV、舞台表演特效。

总之，AE 软件可以应用于各种需要特效、合成和动画制作的领域，其功能强大、易用性高，成为影视后期制作的必备软件之一。

巩固练习

1. 制作"诗韵中国"创意视频，如图 1-26 所示。

图 1-26　"诗韵中国"效果图

2. 制作"旅行日记"创意视频，如图 1-27 所示。

图 1-27　"旅行日记"效果图

3. 制作"中国陶瓷"创意视频，如图 1-28 所示。

图 1-28　"中国陶瓷"效果图

图层和关键帧动画是 After Effects 中比较基础的内容。图层是构成合成的最基本元素，一个合成可以由多个图层构成。帧是动画中最小单位的单幅影像画面，相当于电影胶片上的一格镜头，而关键帧是指角色或者物体在运动或变化时关键动作所处的那一帧。图层中的对象要表现出运动或变化的效果，至少需要在动画的开始和结束位置添加两个不同的关键帧。

 学习目标

1. 知识目标

理解图层的类型、基本属性；

掌握图层的基本操作；

了解关键帧动画；

掌握关键帧的基本操作；

掌握编辑关键帧动画的基本方法。

2. 能力目标

具备图层的基本操作能力；

具备关键帧的把控能力。

任务1　中国梦 读书梦——图层综合应用

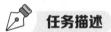 **任务描述**

通过完成本任务，能够掌握图层的新建、复制、选择、重命名等基础操作技巧。最终效果如图 2-1 所示。

图 2-1　"中国梦 读书梦"效果图

 任务解析

在本任务中，需要完成以下操作。

●启动 AE，新建项目文件，进入 AE 工作界面。基于素材新建合成，利用"导入"命令将视频、图片素材导入项目面板。使用素材创建合成，添加"星空"素材，设置图层混合模式。

●新建文本图层，添加图层样式制作文字效果。新建形状图层，绘制圆圈，使用文字工具输入文字，进行对齐，复制图层，制作"读书梦"效果。

●新建形状图层，绘制虚线圈，输入文字，制作"梦想在身"效果。通过复制完成其他文字效果。

●新建形状图层，绘制星形形状，添加"外发光"图层样式，复制多层，调整大小和位置，进行预合成操作，输入文字，制作最终效果。

操作步骤

① 启动 AE，在"主页"界面，单击"新建项目"进入 AE 工作界面，选择"文件→导入→文件 ..."命令，弹出"导入文件"对话框，如图 2-2 所示，选中所有素材，单击"导入"按钮，将素材导入项目面板中，如图 2-3 所示。选择"文件→另存为→另存为"命令，在弹出的"另存为"对话框中，输入文件名为"中国梦"，单击"保存"按钮，保存文件。

图 2-2 "导入文件"对话框

图 2-3 导入素材后的"项目"面板

② 拖曳"背景 .mp4"素材到"项目"面板底部的"新建合成"按钮上，新建"背景"合成。

③ 将"星空 .jpg"素材拖曳到"时间轴"面板中"背景"视频素材上方，设置图层混合模式为"柔光"，如图 2-4 所示。

图 2-4 设置图层混合模式

④ 在"时间轴"面板的空白位置处右击，在弹出的快捷菜单中选择"新建→文本"命令，如图 2-5 所示，此时在"合成"面板中出现插入文本光标，输入"中"，在"字符"面板设置字体系列为"思源黑体 CN"，设置字体大小为"160 像素"，如图 2-6 所示，使用"选取工具"调整文字位置，如图 2-7 所示。

⑤ 使用此操作方法新建"国"和"梦"的文本图层，调整文字的位置，如图 2-8 所示。

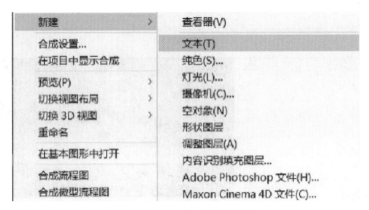

图 2-5　新建文本快捷菜单

图 2-6　"字符"面板

图 2-7　"中"文字效果

图 2-8　"中国梦"文字效果

⑥ 在"时间轴"面板中右击"梦"文本图层，在弹出的快捷菜单中选择"图层样式→渐变叠加"命令，如图 2-9 所示，使用同样的方法添加"投影"样式。在"时间轴"面板中展开"梦"文字图层，展开图层样式，如图 2-10 所示，点击"编辑渐变…"，在弹出的"编辑渐变器"对话框中，设置左边色标为"EB4A02"，右边色标为"FFFFFF"，如图 2-11 所示。为"中"文本图层和"国"文本图层添加"投影"样式，效果如图 2-12 所示。

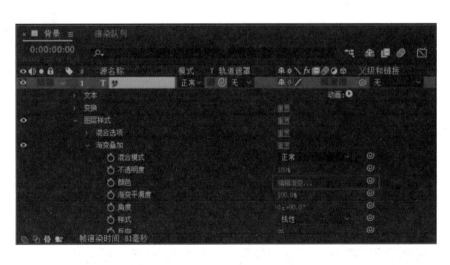

图 2-9　"图层样式"快捷菜单

图 2-10　展开"梦"文本图层

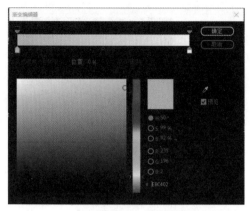

图 2-11　渐变编辑器

图 2-12　添加图层样式后的文字效果

⑦ 执行菜单"图层→新建→形状图层"命令，如图 2-13 所示，新建"形状图层 1"。右击"形状图层 1"，选择"重命名"，修改该图层名称为"竖线"。选中"竖线"图层，选择"工具栏"中的"矩形工具"，设置填充颜色为"白色"，按住【Alt】键单击"描边颜色"，使其变为■状态，在"合成"面板中绘制一条竖线，如图 2-14 所示。

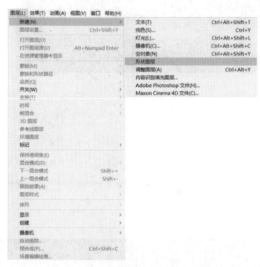

图 2-13　新建形状图层菜单命令

图 2-14　绘制竖线效果

⑧ 使用上述方法新建形状图层，并改名为"圆圈"。选中"圆圈"图层，选择"工具栏"中的"椭圆工具"，在"合成"面板中绘制一个填充为"白色"的圆形，如图 2-15 所示。

⑨ 选中"圆圈"图层，选中菜单"编辑→重复"命令，在"时间轴"面板中即可新建"圆圈 2"图层，按【Ctrl+D】键新建"圆圈 3"图层，使用"选取工具"将在"合成"面板中拖曳"圆圈 3"和"圆圈 2"，调整圆的位置，使三个圆不再重合，在"时间轴"面板中选中"圆圈"图层，按住【Shift】键点击"圆圈 3"图层，将三个圆圈图层选中，在"对齐"面板中点击"水平对齐"和"垂直均匀分布"，如图 2-16 所示，圆圈对齐效果如图 2-17 所示。

图 2-15　绘制圆形效果

图 2-16　对齐面板

图 2-17　圆圈对齐效果

⑩选择工具栏上的"横排文字工具"，在"合成"面板中输入"读"。新建"读"文本图层，选中文字工具，在"字符"面板中设置字体为"思源黑体 CN"，字体大小为"50 像素"，颜色为"FFD000"，如图 2-18 所示。使用"选取工具"将"读"图层在"合成"面板中拖曳到第一个圆圈的位置处，选中"读"图层，按住【Ctrl】键选择"圆圈"图层，在"对齐"面板中点击"水平对齐"和"垂直对齐"。使用上述方法输入"书"和"梦"，并进行位置对齐，效果如图 2-19 所示。

图 2-18 文本设置

图 2-19 文字和圆圈的对齐效果

⑪执行菜单"图层→新建→形状图层"命令，新建"形状图层 1"，右击"形状图层 1"，在弹出的快捷菜单选择"重命名"，修改该图层名称为"虚线圈"。选择"工具栏"中的"椭圆工具"，按住【Alt】键单击"填充" ▨ 变为 ▨，将描边颜色设为"白色"，大小为"5 像素"，在"合成"面板中绘制圆环，在"时间轴"面板中展开"虚线圈"图层的"描边 1"栏，单击"虚线"选项后的"添加虚线或间隙"按钮 ➕，如图 2-20 所示，将圆圈的边框变为虚线。使用"选取工具"调整圆圈位置，效果如图 2-21 所示。

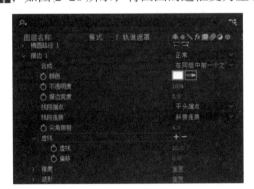

图 2-20 将描边设为虚线

图 2-21 设置的圆圈效果

⑫选择工具栏上的"横排文字工具"，在"合成"面板中输入"梦想在身"，在"字符"面板中设置字体为"思源黑体 CN"，字体大小为"55 像素"，颜色为"白色"。选择"梦想在身"图层和"虚线圈"图层，在"对齐"面板中点击"水平对齐"和"垂直对齐"，效果如图 2-22 所示。使用复制的方式制作"使命在心"和"扬帆启航"文字，复制两个"虚线圈"图层，进行对齐，效果如图 2-23 所示。

图 2-22 对齐文字和虚线圈效果

图 2-23 设置文字效果

⑬ 新建形状图层，右击该形状图层，在弹出的快捷菜单中选择"重命名"命令，输入"星1"，使用"星形工具"绘制一个填充颜色为"#FFED9C"的星形形状，设置该图层的图层样式为"外发光"，"外发光"大小为"40"。

⑭ 多按【Ctrl+D】键几次，复制多个星形形状图层，并调整这些星星为不同的大小和位置。选择所有的星形图层，右击选择"预合成…"命令，在弹出的"预合成"对话框中设置新合成名称为"星星"。双击"星星"合成，在"时间轴"面板中选择"星1"图层，将时间指示器定位到0:00:00:12处，按【Alt+[】键设置入点。选择"星2"图层，单击"时间轴"面板左下角"展开或折叠入点/出点/持续时间/伸缩窗格"图标，在显示的"入"栏处点击，在弹出的"图层入点时间"对话框中输入"0:00:01:00"，单击"确定"。将鼠标指针移动到"星3"图层上入点处，按住鼠标左键向右拖曳图层到0:00:02:00处，使用此方法设置其他图层的入点，如图2-24所示。

图2-24　星星合成各图层入点设置

⑮ 双击"背景"合成，选择工具栏上的"横排文字工具"，在"合成"面板中输入"[心/怀/中/国/梦　激/情/奋/青/春]"，最终效果如图2-1所示。

2.1 图层的应用

1. 认识图层

在合成作品时将一层层的素材按照顺序叠放在一起，上面图层的内容会覆盖下面图层，每个画纸中包含不同的对象，所有画纸中的对象叠加显示就形成了最终的画面效果。在AE中图层是构成合成的最基本元素，是学习的基础，不同类型的图层具有不同的作用，可以创建不同的效果。

2. 图层的类型

在AE中常用的图层类型有文本图层、纯色图层、灯光图层、摄像机图层、空对象图层、形状图层、调整图层等。

（1）文本图层

文本图层主要用于创建文本对象，新建文本图层的名称默认为"<空文本图层>"，若使用文字工具在"合成"面板中输入了文字，则图层名称将变为输入的文字内容，图层名称前的图标为 T ，如图2-25所示。创建文本图层后可以在"字符"和"段落"面板中设置字体、字号、对齐等相关属性。

图2-25　文本图层

（2）纯色图层

纯色图层可以为作品制作纯色背景，还可以在纯色图层上添加特效，或使用纯色图层作为其他图层的遮罩等。纯色图层的默认名称为颜色名称加上"纯色"文字，图层名称前的图标为该纯色图层的颜色色块，如图 2-26 所示。

图 2-26　纯色图层

（3）灯光图层

灯光图层主要作为三维图层的光源，可以模拟真实的灯光、阴影。灯光图层的默认名称为该图层的灯光类型，图层名称前的图标为 💡，如图 2-27 所示。灯光图层会影响其下方的所有三维图层。如果需要为某个图层添加灯光，需要先在"时间轴"面板中单击图层中的 3D 图层标记 下方的 ，或在"时间轴"面板中选择图层后，选择菜单"图层→ 3D 图层"命令，将其转为三维图层后才能设置灯光效果。

图 2-27　灯光图层

（4）摄像机图层

摄像机图层可以模拟真实的摄像机视角，通过平移、推拉、摇动等操作来控制动态图形的运动效果，只能作用于三维图层。摄像机图层的默认名称为"摄像机"，图层名称前的图标为 ，如图 2-28 所示。

图 2-28　摄像机图层

（5）空对象图层

空对象图层主要起辅助作用，当作控制器使用，并且是不可渲染的，作为其他图层的父对象图层，用来承载表达式控制效果器。其常用于建立摄像机的父级，控制摄像机的移动和位置。空对象图层可以转变为调整图层。空对象图层的默认名称为"空"，图层名称前的图标为白色色块，如图 2-29 所示。

图 2-29　空对象图层

（6）形状图层

形状图层主要是建立各种形状或路径，结合"工具"面板中形状工具组和钢笔工具组中的各种工具可绘制出各种形状，形状图层的默认名称为"形状图层"，图层名称前的图标为 ⭐，如图 2-30 所示。

图 2-30 形状图层

（7）调整图层

调整图层其实是一个空白的图层，一般适用于统一调整画面色彩、特效等。为调整图层添加的效果会应用于其下面的所有图层。调整图层默认名称为"调整图层"，图层名称前的图标为白色色块，如图 2-31 所示。

图 2-31 调整图层

3. 图层的基本属性

AE 中的图层主要具有锚点、位置、缩放、旋转和不透明度 5 种基本属性，大多数动态效果都是基于这些属性进行设计和制作的。在"时间轴"面板左侧的图层区域展开图层的"变换"栏，可以看到该图层的所有属性，如图 2-32 所示。可以通过更改属性参数来调整属性，点击"重置"可以恢复到原始状态。

图 2-32 图层属性

（1）锚点

锚点即图层的轴心点坐标，如图 2-33 所示，图层的移动、旋转和缩放都是依据锚点来操作的。选择需要操作的图层，按【A】键，可展开"锚点"属性。默认情况下，锚点位于画面中心位置，在"时间轴"面板中调整锚点属性的参数或者使用"工具"面板中的"向后平移（锚点）工具" ▦ 调整锚点位置。

（2）位置

设置图层的位置属性可以使图层产生位移的运动效果，按【P】键，可展开"位置"属性。一般图层的位置属性可以设置 X 轴和 Y 轴 2 个方向的位置参数；3D 图层可以设置 X 轴、Y 轴和 Z 轴 3 个方向的位置参数，如图 2-34 所示。

图 2-33 锚点

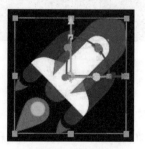

图 2-34 位置

（3）缩放

缩放属性可以使图层产生放大或者缩小的效果，设置的缩放是以锚点为中心进行的，按【S】键，即可展开"缩放"属性。在"时间轴"面板中调整缩放时，另一个数值会自动更新。若需要自定义调整缩放数值，则可单击缩放属性数值前的"约束比例"按钮取消约束，设置高度比例和宽度比例。

（4）旋转

旋转属性可以使图层产生以锚点位置为中心旋转的效果。按【R】键，即可展开"旋转"属性。"0x"中的"0"代表旋转的圈数，"2x"表示旋转2圈，后面的参数为旋转的度数，"2x+60.0°"表示旋转2圈加60°的效果。图2-35所示为图层沿锚点位置旋转60°的动态效果。

图2-35　设置旋转

（5）不透明度

不透明度属性可以使图层产生淡入或淡出的效果。按【T】键，即可展开"不透明度"属性。不透明度设置范围为"0%～100%"。不透明度从100%变化至50%的效果如图2-36所示。

图2-36　设置不透明度

提示：当显示某一属性时，如还需要显示另一属性，可以使用"Shift+属性快捷键"，例如当显示"缩放"时，需要再显示"位置"属性，可以按【Shift+P】组合键。

4. 图层的基本操作

（1）新建图层

在AE中创建图层的方法如下。

① 在"时间轴"面板中的空白区域单击鼠标右键，在弹出的快捷菜单中选择"新建"命令，在弹出的子菜单中选择需要创建的图层类型，如图2-5所示。

② 在菜单栏中选择"图层→新建"命令，在弹出的子菜单中选择需要创建的图层类型，如图 2-13 所示。

（2）选择和移动图层

① 选择图层。

在 AE 中选择图层的方法有以下 3 种。

●选择单个图层：在"时间轴"面板中单击需要的图层即可选择该图层。

●选择不连续图层：在按住【Ctrl】键的同时，依次单击需要的图层，可选择多个不连续的图层。

●选择连续图层：先选择一个图层，然后按住【Shift】键的同时单击另一个图层，可选择这两个图层之间的所有图层。

② 移动图层。

在 AE 中移动图层的方法有以下 3 种。

●拖曳法：在"时间轴"面板中选择并拖曳图层，当蓝色水平线出现在目标位置时释放鼠标左键，如图 2-37 所示。

图 2-37 拖曳法移动图层

●快捷键：按【Ctrl+]】组合键可以将图层上移一层；按快捷键【Ctrl+[】可以将图层下移一层；按快捷键【Ctrl+Shift+]】可以将图层移至最上方；按快捷键【Ctrl+Shift+[】可以将图层移至最下方。

●菜单命令：选择菜单"图层→排列"命令，在弹出的快捷菜单中选择对应的命令即可，如图 2-38 所示。

图 2-38 "排列"菜单

（3）重命名图层

根据图层所包含的内容重命名图层，可便于后续操作时查找图层，其操作方法为：在"时间轴"面板中选择要重命名的图层，单击鼠标右键，在弹出的快捷菜单中选择"重命名"命令或按【Enter】键，进入编辑状态，输入新的名称，输入完成后按【Enter】键确认。

（4）复制、粘贴图层与删除图层

① 复制与粘贴图层。

在"时间轴"面板中选择需要复制的图层，按快捷键【Ctrl+C】复制，然后选择目标图层，按快捷键【Ctrl+V】粘贴，选择的图层将被复制到目标图层的上方。

② 快速创建图层副本。

在"时间轴"面板中选择要复制的图层，再选择菜单"编辑→重复"命令，或按快捷键【Ctrl+D】组合键，将把该图层复制到"时间轴"面板中。

③ 删除图层。

在"时间轴"面板中选择要删除的图层，按【Backspace】或【Delete】键，即可删除选中的图层。

（5）隐藏、显示图层与锁定图层

① 隐藏、显示图层。

单击图层左侧的⬤按钮变成■，即可隐藏图层，单击■按钮变成⬤将会显示图层，"合成"面板中的素材也会随之隐藏或显示，当"时间轴"面板中的图层较多时，可以单击该按钮来观察"合成"面板效果，寻找某个图层是不是要寻找的图层。

② 锁定图层。

可以对图层进行锁定，锁定后的图层将无法被选择或编辑，单击图层左侧的■按钮变成🔒，即锁定了图层，如图2-39所示。

图2-39 锁定图层

（6）拆分图层

在AE中，可对图层进行拆分，以便为各段视频添加不同的后期特效。也可对不同的视频片段进行组合，形成一个完整的作品。拆分图层的操作方法为：选择需拆分的图层，将时间指示器移至目标位置，选择"编辑→拆分图层"命令，或按快捷键【Ctrl+Shift+D】，所选图层将以时间指示器为参考位置拆分为上下两层，如图2-40所示。

图2-40 拆分图层

（7）图层的对齐与分布

在制作视频后期特效时，经常会涉及多个图层的排列，此时可使用"对齐"面板沿水平或垂直轴对齐所选对象，快速、精确地完成图层的对齐与分布。

① 图层的对齐。

选择要对齐的图层，单击菜单"窗口→对齐"面板，可看到图层的对齐方式有"左对齐""水平对齐""右对齐""顶对齐""垂直对齐"和"底对齐"6 种，如图 2-41 所示。

在"对齐"面板中，还可设置对齐的不同选项，来改变图层的对齐点。

● 将图层对齐到选区：在"对齐"面板中，设置"将图层对齐到选区"，表示对齐图层时以选区范围为基准，这个选区是指所选图层共同形成的区域，如图 2-42 所示。当选中两个以上图层时，AE 默认选择"将图层对齐到选区"选项。

● 将图层对齐到合成：在"对齐"面板中，设置"将图层对齐到合成"，表示对齐图层时以整个合成范围为基准，如图 2-43 所示。当选中一个图层时，AE 默认选择"将图层对齐到合成"选项。

② 图层的分布。

在"对齐"面板中还可以对选择的图层在水平或垂直方向上分布设置，操作方法为：选择 3 个及以上的对象，打开"对齐"面板，在"分布图层"栏下方单击相应的分布按钮，可设置"按顶分布""垂直均匀分布""按底分布""按左分布""水平均匀分布""按右分布"6 种分布方式，如图 2-44 所示。

图 2-41 "对齐"面板

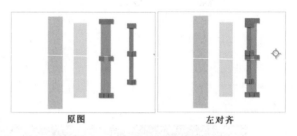

图 2-42 将图层对齐到选区效果

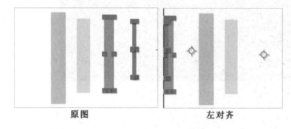

图 2-43 将图层对齐到合成效果

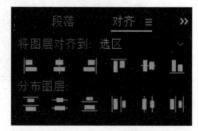

图 2-44 "对齐"面板分布图层

（8）设置图层的入点与出点

设置图层的入点和出点有利于更好地管理素材，入点是指图层区域的开始位置，出点是指图层区域的结束位置，设置图层的入点与出点有以下 3 种方法。

① 精确设置：单击"时间轴"面板左下角 的图标，在显示的"入"栏和"出"栏中精确设置图层的入点与出点，如图 2-45 所示。单击"入"下的"时间码"，弹出如图 2-46 所示的"图层入点时间"对话框，可设置入点时间。

② 快捷键设置：拖曳时间指示器至入点位置，按【 [】键设置入点；拖曳时间指示器至出点位置，按【] 】设置出点。

图 2-45 精确设置入点和出点

图 2-46 "图层入点时间"对话框

③ 鼠标拖曳设置：选择目标图层，将鼠标指针移动到图层上，按住鼠标左键向左或向右拖曳图层，可快速调整图层的入点与出点。

在"时间轴"面板中设置入点和出点时，将鼠标指针移动到图层左侧(入点位置)或图层右侧(出点位置)，当鼠标指针变为 形状后进行拖曳，可以快速调整图层入点和出点之间的范围，并且图层的持续时间也将发生变化。

④ 通过按钮设置：在"时间轴"面板中双击需要设置的图层名称，打开"图层"面板，同时下方出现时间标尺，标尺上有一个蓝色滑块，该滑块与"时间轴"面板中的时间指示器同步显示。将滑块拖曳到添加入点的位置，在下面的"工具"面板中单击"将入点设置为当前时间"按钮，然后将时间指示器定位到添加出点的位置，在下面的"工具"面板中单击"将出点设置为当前时间"按钮，可以设置入点与出点，如图 2-47 所示，在"时间轴"面板中可同步查看完成后的效果。

图 2-47 在"图层"面板设置入点和出点

（9）预合成图层

进行图层预合成方便管理图层、添加效果。预合成图层的操作方法为：在"时间轴"面板中选择需要预合成的图层，在"时间轴"面板中单击鼠标右键，在弹出的快捷菜单中选择"预合成…"，或者选择菜单"图层→预合成"命令（快捷键【Ctrl+Shift+C】），打开"预合成"对话框，在"新合成名称"文本框中输入合成名称，如图2-48所示，单击"确定"按钮。在"时间轴"面板中被选中的图层转换为一个单独的合成文件，双击该预合成，即可切换到预合成中进行相关设置。

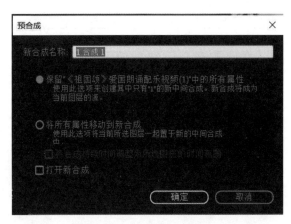

图2-48　"预合成"对话框

（10）链接图层至父级对象

链接图层至父级对象指的是把两个图层关联起来，就可以实现多个图层一起变化的效果。

链接图层至父级对象的操作方法：在子级图层"父级和链接"栏对应的下拉列表中直接选择父级图层，或直接拖曳 "父级和链接"栏下方的"父级关联器"按钮至父级图层上，如图2-49所示。

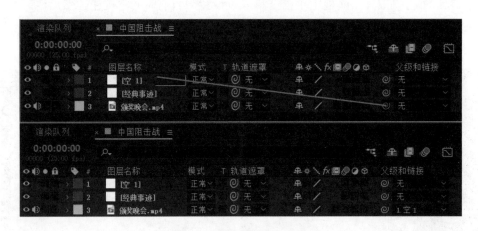

图2-49　链接图层至父级对象

（11）设置图层混合模式

图层混合模式是指混合某一图层与下一层图层的像素，从而得到一种新的视觉效果。AE提供了多种图层混合模式，可根据需求合理选择，如图2-50所示。

设置图层混合模式的方法为：在"时间轴"面板中单击选择目标图层，单击鼠标右键，在弹出的快捷菜单中选择"混合模式"命令，或选择菜单"图层→混合模式"命令，在打开的子菜单中选择合适的混合模式，也可以直接在"时间轴"面板的"模式"下拉列表中选择所需效果（若没有显示"模式"下拉列表，则单击"时间轴"面板左下角的展开或折叠"转换控制"窗格图标，显示出"模式"栏），如图2-51所示。

图 2-50　混合模式快捷菜单

图 2-51　"时间轴"面板的"模式"列表

（12）设置图层样式

AE 中的图层样式和 Photoshop 中的图层样式相似，可为图层添加丰富的效果，如投影、内阴影、外发光、内发光、斜面和浮雕、光泽、颜色叠加、渐变叠加、描边等。

设置图层样式的方法为：在图层上单击鼠标右键，或在菜单栏中选择"图层→图层样式"命令，在弹出的快捷菜单中选择"图层样式"命令，在弹出的子菜单中对图层应用某种样式，如图 2-52 所示。

图 2-52　图层样式快捷菜单

任务 2　精益求精 共铸匠心——关键帧动画

 任务描述

通过完成本任务，掌握创建、移动、查看、编辑关键帧的基本操作方法，能够根据需要编辑关键帧动画。最终效果如图 2-53 所示。

图 2-53　"精益求精 共铸匠心"效果图

 任务解析

在本任务中，需要完成以下操作。

●启动 AE，新建项目文件，导入素材，基于素材新建合成。

●设置"片头文字"图层的"不透明度"和"缩放"属性。

●新建合成，添加素材到"时间轴"面板，设置图层的"缩放"属性和混合模式，使用此方法制作各合成效果。

●设置各合成和对应视频图层的"缩放""不透明度""位置"等属性及混合模式，制作关键帧动画效果。对设置的关键帧进行复制粘贴，制作其他镜头效果。

 操作步骤

① 启动 AE，在"主页"界面单击"新建项目"进入 AE 工作界面，选择"文件→导入→文件 ..."命令，弹出"导入文件"对话框，如图 2-54 所示，选中人物文件夹，单击"导入文件夹"按钮，将人物文件夹中的素材导入项目面板中，导入"视频"文件夹和"music.mp3"素材，如图 2-55 所示。使用【Ctrl+Shift+S】快捷键，在弹出的"另存为"对话框中输入文件名为"精益求精　共铸匠心"，单击"保存"按钮，保存文件。

图 2-54　"导入文件"对话框

图 2-55　导入素材后的"项目"面板

②拖曳"视频"文件夹的"背景.mp4"到"项目"面板底部的"新建合成"按钮上，新建"背景"合成。

③将"music.wav"拖曳到"时间轴"面板"背景"视频素材下方，将"视频"文件夹中的"片头文字.mp4"拖曳到"时间轴"面板"背景.mp4"视频素材上方，设置图层混合模式为"变亮"。

④选择"片头文字.mp4"图层，按【T】键显示"不透明度"属性，将时间指示器移动至0:00:00:00处，单击属性名称左侧的"时间变化秒表"按钮，开启关键帧，然后设置"不透明度"为"0%"。将时间指示器移动至0:00:00:24处，设置"不透明度"为"100%"，将自动在该时间点创建关键帧，如图2-56所示。使用相同的方法在0:00:05:20和0:00:06:19处分别创建"不透明度"为"100%"和"0%"的关键帧。

图2-56　设置"不透明度"关键帧

⑤按【S】键显示"缩放"属性，将时间指示器移动至0:00:00:00处，单击属性名称左侧的"时间变化秒表"按钮，开启关键帧，然后设置"缩放"为"300%"；将时间指示器移动至0:00:00:24处，设置"缩放"为"90%"；使用相同的方法在0:00:05:20和0:00:06:19处分别创建"缩放"为"90%"和"0%"的关键帧，如图2-57所示。

图2-57　设置"缩放"关键帧

⑥单击"项目"面板底部的"新建合成"按钮，在"合成设置"对话框中输入"合成名称"为"大国工匠1"，"预设"设置为"HD·1920×1080·25 fps"，持续时间为5秒，如图2-58所示，单击"确定"按钮。

图2-58　"合成设置"对话框

⑦ 将"人物"文件夹中的"gj1.jpg"拖曳到"时间轴"面板中，将"视频"文件夹中的"边框 .mp4"拖曳到"时间轴"面板中"gj1.jpg"上方，选中"边框 .mp4"，按【S】键显示"缩放"属性，设置"缩放"为"47%"，设置图层混合模式为"变亮"，设置及效果如图 2-59 所示。

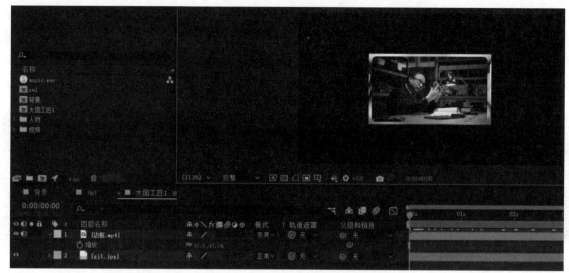

图 2-59 "边框 .mp4"设置及效果

⑧ 选中"项目"面板上的"大国工匠 1"合成，按【Ctrl+D】快捷键，新建"大国工匠 2"合成，双击"大国工匠 2"合成，选中"gj1.jpg"图层，按【Delete】键将其删除，将"人物"文件夹中的"gj2.jpg"拖曳到"时间轴"面板中"边框 .mp4"图层的下方，使用此方法分别建立"大国工匠 3"合成～"大国工匠 10"合成，"项目"面板如图 2-60 所示。

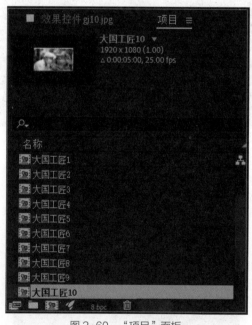

图 2-60 "项目"面板

⑨ 双击项目面板上的"背景"合成，将"项目"面板上的"大国工匠 1"合成拖曳到"片头文字 .mp4"的上方，入点设置在 0:00:06:20 处，选中"大国工匠 1"图层，单击"变换"前的▶按钮展开各属性，0:00:06:20 处设置"缩放"为"300%"，设置"不透明度"为"0%"，设置 0:00:07:19 和 0:00:10:20 处的"缩放"为"100%"，"不透明度"为"100%"，设置 0:00:11:19 的"缩放"为"0%"，"不透明度"为"0%"。设置"位置"为"485.0，540.0"，在 0:00:10:20 处添加关键帧，在 0:00:11:19 处设为"960.0，540.0"。

⑩ 拖曳"视频"文件夹的"rw1.mp4"到"大国工匠 1"图层的上方，入点设置在 0:00:06:20 处，设置"rw1.

mp4"图层混合模式为"相加"。单击"变换"前的 ▶ 按钮展开各属性，在 0:00:06:20 处设置"缩放"为"100％"，设置"不透明度"为"0％"，在 0:00:07:19 和 0:00:10:19 处设置"缩放"为"50％"，"不透明度"为"100％"，设置 0:00:11:19 处的"缩放"为"0％"，不透明度为"0％"。设置"位置"为"1430.0，540.0"，在 0:00:10:20 处添加关键帧，在 0:00:11:19 处设为"960.0，540.0"，参数设置及效果如图 2-61 所示。

图 2-61 "rw1.mp4"图层参数设置及效果

⑪ 将"项目"面板上的"大国工匠 2"合成拖曳到"时间轴"面板"rw1.mp4"图层的上方，拖曳"视频"文件夹的"rw2.mp4"到"大国工匠 2"图层的上方。将"项目"面板上的"大国工匠 3"合成拖曳到"时间轴"面板"rw2.mp4"图层的上方，拖曳"视频"文件夹的"rw3.mp4"到"大国工匠 3"图层的上方。将"项目"面板上的"大国工匠 4"合成拖曳到"时间轴"面板"rw3.mp4"图层的上方，拖曳"视频"文件夹的"rw4.mp4"到"大国工匠 4"图层的上方，设置"rw2.mp4""rw3.mp4"和"rw4.mp4"图层的混合模式为"相加"，图层的排列效果及入点设置如图 2-62 所示。

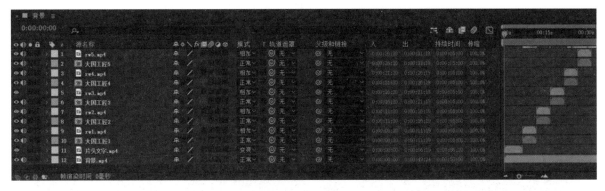

图 2-62 图层的排列效果及入点设置

⑫ 展开"大国工匠 1"的属性。使用"选取工具" ▶ ，单击"变换"前的 ▶ 按钮展开各属性，右击一个关键帧，弹出如图 2-63 所示的快捷菜单，选择"选择关键帧标签组→在选定的图层上"，将本图层上的关键帧全部选定，按快捷键【Ctrl+C】复制，将时间指示器定位在 0:00:11:20，选中"大国工匠 2"图层，按快捷键【Ctrl+V】粘贴关键帧。将时间指示器分别定位在"大国工匠 3"图层、"大国工匠 4"图层的入点处，用同样的方法粘贴关键帧。将"rw1.mp4"图层的关键帧复制到"rw2.mp4""rw3.mp4"和"rw4.

mp4"图层上。

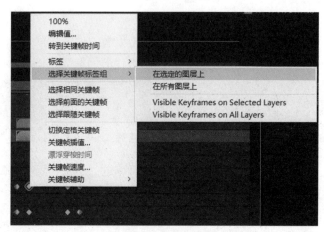

图 2-63 "选择关键帧标签组"快捷菜单

⑬ 将"项目"面板上的"大国工匠 5"合成拖曳到"时间轴"面板"rw4.mp4"图层的上方,拖曳"视频"文件夹的"rw5.mp4"到"大国工匠 4"图层的上方,设置"rw5.mp4"图层混合模式为"相加"。将两个图层的入点设置在 0:00:26:20 处。

⑭ 展开"大国工匠 5"图层的"变换"选项的属性,在 0:00:26:20 处设置"位置"为"2455.0,540.0","不透明度"为"0%",在 0:00:27:19 和 0:00:30:20 处设置"位置"为"485.0,540.0","不透明度"为"100%",在 0:00:31:19 处设置"位置"为"-1500.0,540.0","不透明度"为"0%",如图 2-64 所示。

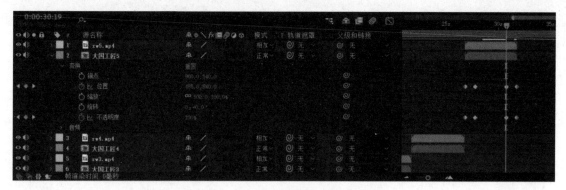

图 2-64 设置"大国工匠 5"图层关键帧

⑮ 设置"rw5.mp4"图层混合模式为"相加",展开"rw5.mp4"图层的"变换"选项的属性,"缩放"为"50%",在 0:00:26:20 处设置"位置"为"3325.0,540.0","不透明度"为"0%",在 0:00:27:19 和 0:00:30:20 处设置"位置"为"1430.0,540.0","不透明度"为"100%",在 0:00:31:19 处设置"位置"为"-490.0,540.0","不透明度"为"0%",如图 2-65 所示。

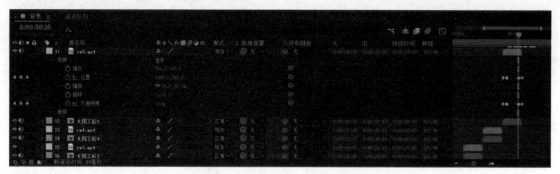

图 2-65 设置"rw5.mp4"图层关键帧

⑯ 按照步骤⑬～⑮的操作方法设置"大国工匠 6"～"大国工匠 10""rw6.mp4"～"rw10.mp4",

完成最终如图 2-53 所示的效果。

2.2　创建关键帧动画

1. 关键帧动画

关键帧是指角色或者物体在运动或变化时关键动作所处的那一帧。关键帧动画是通过为素材的不同时刻设置不同的属性，使该过程产生动画的变换效果。只要在需要制作动画的开始位置和结束位置添加关键帧，然后对关键帧的属性（如位置、缩放、旋转等）进行编辑，就可以通过 AE 软件的编译，得到关键帧之间的动态画面，从而获得比较流畅的动画效果。在 AE 中，可以通过设置动作、效果、音频以及其他属性的参数使画面形成连贯的动画效果，不同属性的关键帧可以制作出不同的动画效果。

2. 关键帧的基本操作

（1）开启和关闭关键帧

在"时间轴"面板中展开图层，再展开"变换"栏，将显示锚点、位置、缩放、旋转和不透明度 5 个属性。在属性名称的左侧均有"时间变化秒表"按钮 ，用鼠标左键单击后，该按钮变为蓝色，呈激活状态，表示开启相应属性的关键帧，在最左侧显示 图标，且自动在时间指示器所在时间点生成一个关键帧，记录当前属性值。

当"时间变化秒表"按钮 处于激活状态时，再次单击该按钮即可关闭关键帧。需要注意的是：关闭关键帧后，将直接移除该属性的所有关键帧，且该属性的值变为当前时间指示器所在时间点的属性值。

（2）创建关键帧

在 AE 中开启某个属性的关键帧后，可以通过下面 3 种方式创建新的关键帧。

① 通过按钮创建关键帧。将时间指示器移动至需要添加关键帧的时间处，单击该属性左侧的 按钮，可以创建该属性的关键帧，同时该按钮变为 形状，如图 2-66 所示。

图 2-66　通过按钮创建关键帧

② 通过改变属性创建关键帧。将时间指示器移动至需要添加关键帧的时间处，直接修改该属性的参数，可以自动创建该属性的关键帧。

③ 通过菜单命令创建关键帧。选择相应属性所在图层，将时间指示器移动至需要创建关键帧的时间处，然后选择菜单"动画→添加关键帧"命令，可创建该属性的关键帧。

（3）选择和移动关键帧

① 选择关键帧。

● 选择单个关键帧：使用"选取工具" 直接在关键帧上单击可以选择该关键帧，被选择的关键帧呈蓝色。

●选择多个关键帧：使用"选取工具" ▶，按住鼠标左键拖曳，可以框选需要选择的关键帧，也可以在按住【Shift】键的同时，使用"选取工具" ▶依次单击需要选择的多个关键帧。

●选择相同属性的关键帧：在关键帧上方单击鼠标右键，在弹出的快捷菜单中选择"选择相同的关键帧"命令，可选择与该关键帧有相同属性的所有关键帧，或在"时间轴"面板中双击属性名称，将该属性对应的关键帧全部选中。

●选择前面的关键帧：在关键帧上方单击鼠标右键，在弹出的快捷菜单中选择"选择前面的关键帧"命令，可选择该关键帧及其所在时间点之前有相同属性的所有关键帧。

●选择跟随关键帧：在关键帧上方单击鼠标右键，在弹出的快捷菜单中选择"选择跟随关键帧"命令，可选择该关键帧及其所在时间点之后有相同属性的所有关键帧。选择多个关键帧后，可在按住【Shift】键的同时，使用"选取工具" ▶单击取消选择其中的单个关键帧；也可按住鼠标右键拖曳框选需要取消选择的多个关键帧。

② 移动关键帧。要改变某个关键帧的位置，可选择"选取工具" ▶，将鼠标指针移动至关键帧上方，然后按住鼠标左键拖曳到目标位置松开鼠标即可。

（4）复制、粘贴与删除关键帧

① 复制、粘贴关键帧。选择需要复制的关键帧，选择"编辑→复制"命令或按【Ctrl+C】快捷键复制关键帧，将时间指示器移至需要粘贴关键帧的时间点，选择"编辑→粘贴"命令或按【Ctrl+V】快捷键粘贴关键帧。

② 删除关键帧。删除关键帧的方法：选择一个或多个关键帧，按【Delete】键。如果需要删除该属性上的所有关键帧，则可在选择属性的名称后按【Delete】键，也可直接单击属性左侧的"时间变化秒表"按钮 ⏱，删除该属性所有关键帧，并关闭关键帧自动记录器。通过菜单命令删除，选择需要删除的关键帧后，选择"编辑→移除"命令，或直接按【Delete】键，可以删除该关键帧。

3. 关键帧图表编辑器

在图表编辑器中调整关键帧，可以让对象的属性变化更加自然、流畅，模拟出真实的物理运动效果。

（1）认识关键帧图表编辑器

单击"时间轴"面板中的"图表编辑器"按钮 ▤，可将图层模式切换为图表编辑器模式，如图 2-67 所示。图表编辑器使用二维图表示对象的属性变化，其中水平方向的数值表示时间，垂直方向的数值表示属性值。

在"时间轴"面板中选择对象的某个属性，将会在"时间轴"面板右侧的时间控制区显示该属性的关键帧图表。其中实心方框代表选中的关键帧，空心方框代表未选中的关键帧，将鼠标指针移动至线条上方可显示在该时间点上的具体属性参数，如图 2-68 所示。

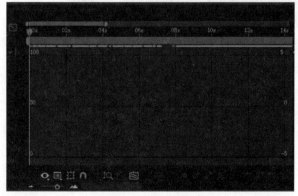

图 2-67　图表编辑器模式

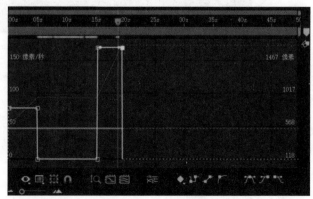

图 2-68　关键帧图表

4. 关键帧插值的应用

（1）认识关键帧插值

插值也叫补间，是指在两个已知的属性值之间填充未知数据的过程。在创建的两个关键帧之间，AE 会自动插入中间过渡值，这个值即插值，用来形成连续的动画效果，例如，某个属性数值在第 0 秒为"0"，在第 24 秒为"100"，那么从 0 变化到 100 就是插值的变化。AE 中的关键帧插值可分为临时插值和空间插值两种，分别对应速率的变化和路径的变化，最终目的都是让动态效果更加真实和自然。

临时插值：临时插值是指时间值的插值，影响属性随着时间变化的方式（在"时间轴"面板中）。在图表编辑器中使用值图表，值图表提供合成中任何时间点的关键帧值的完整信息，可以精确调整创建的时间属性关键帧，从而改变临时插值的计算方法。

空间插值：空间插值是指空间值的插值，影响运动路径的形状（在"合成"或"时间轴"面板中）。在位置等属性中应用或更改空间插值时，可以在"合成"面板中调整运动路径，运动路径上的不同关键帧可提供有关任何时间点的插值类型的信息。

（2）关键帧插值方法

创建关键帧动画后，若需要对动画效果进行更精确的调整，则可以使用 AE 提供的关键帧插值方法。

临时插值提供线性插值、贝塞尔曲线插值、自动贝塞尔曲线插值、连续贝塞尔曲线插值和定格插值 5 种计算方法；空间插值只有前 4 种计算方法。并且，所有插值方法都以贝塞尔曲线插值方法为基础，该方法提供方向手柄，便于控制关键帧之间的过渡。

设置临时插值能通过改变关键帧的时间数值来控制速率的变化，使物体具有先慢后快、先快后慢，或由慢至快再变慢等各种速率变化效果。设置临时插值的方法为：选择关键帧，在关键帧上单击鼠标右键，在弹出的快捷菜单中选择"关键帧插值"命令，打开"关键帧插值"对话框，在"临时插值"下拉列表框中可更改插值类型，如图 2-69 所示。

图 2-69　"关键帧插值"对话框

① 线性插值。线性插值是指在关键帧之间创建统一的变化率，尽可能直接在两个相邻的关键帧之间插入值，而不考虑其他关键帧的值。如果将线性插值应用于时间属性中的所有关键帧，则变化将从第一个关键帧开始，并以恒定的速度传递到下一个关键帧，在第二个关键帧处，变化速率将切换为它与第三个关键帧之间的速率，当播放到最后一个关键帧时，变化会立刻停止。在值图表中，连接采用线性插值方法的两个关键帧的线段显示为一条直线。

② 贝塞尔曲线插值。贝塞尔曲线插值提供更为精确的控制，通过调整节点的手柄来控制变化速率。单独操控贝塞尔曲线关键帧上的两个方向手柄，可以手动调整关键帧任一侧的值图表或运动路径段的形状。如果将贝塞尔曲线插值应用于某个属性中的所有关键帧，则 AE 将在关键帧之间创建平滑的过渡。当移动运动路径关键帧时，现有方向手柄的位置保持不变，每个关键帧处应用的临时插值将控制沿路径的运动速度。

③ 连续贝塞尔曲线插值。连续贝塞尔曲线可使通过关键帧时的变化速率更加平滑，并可手动调整节点处的变化速率。

④ 自动贝塞尔曲线插值。自动贝塞尔曲线可使通过关键帧时的变化速率更加平滑，但不能手动调整节点处的变化速率。

⑤ 定格插值。定格插值仅在作为临时插值方法时才可用，可以随时间更改图层属性的值，但动画的过渡不是渐变，而是突变。如果需要对象突然出现或消失或应用闪光灯效果，则可使用该插值方法。如果将定格插值应用于某个属性中的所有关键帧，则第一个关键帧的值在到达下一关键帧之前将保持不变，但到达下一关键帧后，值将立即发生更改。在值图表中，定格关键帧之后的图表段显示为水平值。

岗位知识储备——电视栏目包装的基本常识

电视栏目包装是对电视节目、栏目、频道甚至电视台的整体形象进行的一种外在形式要素的规范和强化。这些外在的形式要素包括声音（语言、音响、音乐、音效等）、图像（固定画面、活动画面、动画）、颜色等。其作用有以下几点：

① 突出节目、栏目、频道个性特征和特点；

② 增强观众对节目、栏目、频道的识别能力；

③ 彰显节目、栏目、频道的品牌地位；

④ 包装的形式和节目、栏目、频道融为一体；

⑤ 好的节目、栏目、频道的包装赏心悦目，本身就是精美的艺术品。

电视栏目包装的特性如下。

（1）功能性

电视栏目包装作为电视播出物，具有很强的功能性，这在一定程度上取决于包装的功利性：拉拢观众，提高收视率。

（2）原创性

电视栏目包装作为电视作品，同其他艺术作品一样，要讲究原创性。电视栏目包装没有原创性就等同于没有生命。电视栏目包装的原创性源自包装设计师对生活的感悟。

（3）艺术性

电视栏目包装同样具有艺术性。艺术性是文学艺术作品通过形象地反映生活、表达思想感情所达到的准确、鲜明、生动的程度以及形式、结构、表现技巧的完美程度。从这个意义上说，艺术性对于电视栏目包装无论从形象到结构来说都有很高的要求。

（4）技术性

电视栏目包装把电视制作技术发挥到了极致，甚至可以说电视栏目包装的技术制作水平就代表了电视的技术制作水平，其软硬件水准的日益提高，使电视包装的很多高难度创意变得简单和容易。

➡ 巩固练习

1. 制作"梦想世界"创意视频，如图 2-70 所示。

图 2-70　"梦想世界"效果图

2. 制作"不负青春 不负韶华"创意视频，如图 2-71 所示。

图 2-71 "不负青春 不负韶华"效果图

3. 制作"海上日落"创意视频，如图 2-72 所示。

图 2-72 "海上日落"效果图

4. 制作"劳动最光荣"创意视频，如图 2-73 所示。

图 2-73 "劳动最光荣"效果图

蒙版与遮罩在影视特技中十分常见，很多技能效果都需要使用蒙版和遮罩来完成。遮罩是图像和视频处理的重要技术，使用遮罩可以创建部分被遮掩的图像，同时通过对蒙版的编辑和效果应用，还可以做出各种丰富的特效。

学习目标

1. 知识目标

理解掌握蒙版的建立和编辑方法；

理解轨道遮罩的使用方法。

2. 能力目标

能利用蒙版属性制作动画效果；

能利用蒙版控制素材的显示，并制作相应的动画效果。

任务 1　初心向党　逐梦前行——蒙版和遮罩综合应用

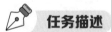
任务描述

渐现效果是利用蒙版来制作对象缓缓出现的特效，通过本任务的学习，能够深刻地理解蒙版的功能和使用方法。最终效果如图 3-1 所示。

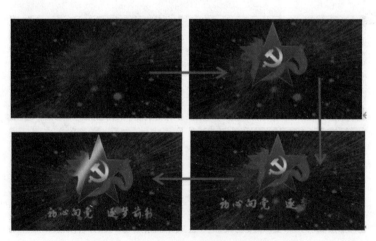

图 3-1　"初心向党　逐梦前行"效果图

任务解析

在本任务中，需要完成以下操作。

●启动 AE，新建项目文件，进入 AE 工作界面。基于素材新建合成，利用"导入"命令将图片素材导入项目面板。使用素材创建合成，调整"党徽 .png"图层和"初心向党逐梦前行文字 .png"图层的位置。

●使用蒙版工具制作蒙版渐现动画，通过蒙版的绘制和羽化设置，控制"初心向党逐梦前行文字 .png"图层的柔和显示，并通过蒙版属性动画的设置制作蒙版动画。

●创建形状图层，为形状图层创建蒙版，制作添加蒙版后的形状图层的位置关键帧动画。

●形状层设置轨道蒙版，复制"党徽 .png"图层，在形状层设置轨道遮罩，制作"党徽 .png"图层过光动画效果。

操作步骤

① 启动 AE 新建项目，选择"文件→导入 → 文件 ..."命令或者双击项目窗口空白处，弹出"导入文件"对话框，如图 3-2 所示，选中所有素材，单击"导入"按钮，将素材导入项目面板中，如图 3-3 所示。

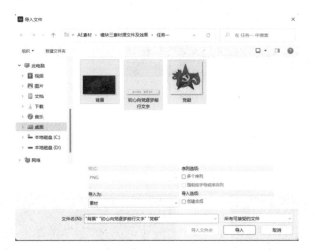

图 3-2　"导入文件"对话框　　　　　　　　　　　　　图 3-3　导入素材后的"项目"面板

② 选择"背景 .jpg"素材，拖曳"背景 .jpg"素材到"项目"面板底部的"新建合成"图标 上，在"时间轴"面板上会出现"背景 .jpg"图层，如图 3-4 所示，完成"背景"合成的创建，如图 3-5 所示。

图 3-4　创建"背景"合成后的"时间轴"面板　　　　　　图 3-5　创建合成后的"项目"面板

③ 将"初心向党逐梦前行文字 .png"素材拖曳到"时间轴"面板中"背景"视频素材上方，将"党徽 .png"素材拖曳到"时间轴"面板中"初心向党逐梦前行文字 .png"视频素材上方，如图 3-6 所示，合成效果如图 3-7 所示。

图 3-6　将素材导入"时间轴"面板　　　　　　　　　　图 3-7　素材导入时间轴后的"合成"面板

④ 鼠标单击工具面板中的"选取工具" ，用"选取工具"调整"初心向党逐梦前行文字 .png"图层和"党徽 .png"图层的位置，"党徽 .png"的位置为中间偏上，"初心向党逐梦前行文字 .png"位于党徽正下方，如图 3-8 所示。

图 3-8 调整后的"合成"面板

⑤ 在"时间轴"面板中选中"初心向党逐梦前行文字 .png"图层，单击工具栏中的"矩形工具" ，在文字前面位置绘制矩形，为"初心向党逐梦前行文字 .png"图层绘制矩形蒙版，如图 3-9 所示，矩形的位置在文字的左部，显示不出文字效果，如图 3-10 所示。

图 3-9 绘制矩形蒙版后的"时间轴"面板

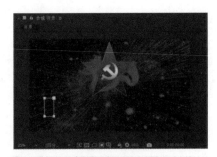

图 3-10 绘制矩形蒙版后的"合成"面板

⑥ 在"时间轴"面板中选中"初心向党逐梦前行文字 .png"图层，选择"蒙版"，打开"蒙版 1"卷展栏，将时间指示器移动到 0 秒的位置，激活"蒙版扩展"参数的"关键帧记录器" （也称"时间变化秒表"或"码表"），设置第一个关键帧，如图 3-11 所示。

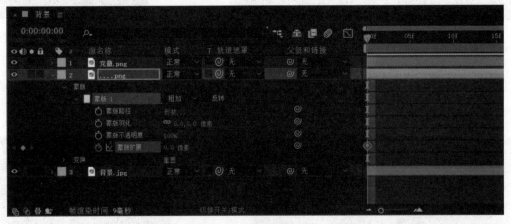

图 3-11 设置"蒙版扩展"第一个关键帧后的"时间轴"面板

⑦ 将时间指示器移动到 3 秒的位置，设置"蒙版扩展"值为 1700 像素，如图 3-12 所示，此时完成"初心向党逐梦前行文字 .png"文字渐现动画，如图 3-13 所示。

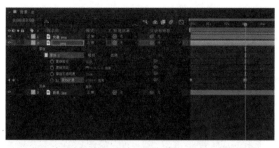

图 3-12　设置第二个关键帧后的"时间轴"面板

图 3-13　设置动画后的"合成"面板

⑧此时会发现文字渐现的边缘比较僵硬，在"蒙版"属性中，设置"蒙版羽化"的数值为170像素，如图3-14所示，再次观察文字的渐现效果就变得非常柔和了，如图3-15所示。

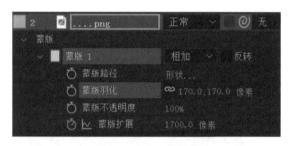

图 3-14　设置"羽化"参数

图 3-15　设置羽化后的"合成"面板

⑨制作党徽过光动画，选择"党徽.png"图层，右键单击"时间轴"面板空白处，选择"新建→纯色"命令，如图3-16所示，弹出"纯色设置"对话框，设置各项参数如图3-17所示，单击"确定"按钮建立纯色层"白色 纯色1"，如图3-18所示，该固态层用于制作党徽上的光效。

图 3-16　创建纯色层

图 3-17　"纯色设置"对话框

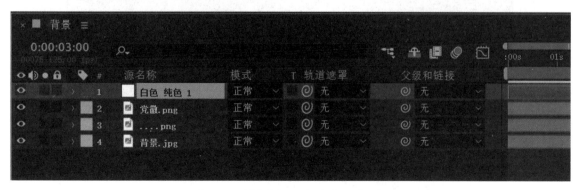

图 3-18　创建纯色层后的"时间轴"面板

⑩ 选中"白色 纯色 1"图层，单击工具箱中的"钢笔工具"，如图 3-19 所示，在合成窗口中的纯色层上绘制一个倾斜的长方形，为纯色图层绘制蒙版，效果如图 3-20 所示。

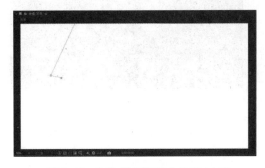

图 3-19 使用"钢笔工具"绘制长方形

图 3-20 纯色图层蒙版效果

注意：可结合【Ctrl】键切换为选择工具来调节长方形的边框。

⑪ 在"时间轴"面板选中"白色 纯色 1"图层，然后单击纯色层"蒙版"属性下"蒙版 1"旁的小三角形按钮，打开"蒙版"卷展栏，设置"蒙版 1"下的"蒙版羽化"的值为 70 像素，如图 3-21 所示，为蒙版添加羽化效果，如图 3-22 所示。

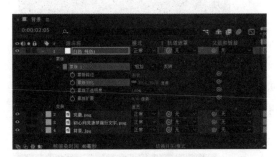

图 3-21 设置蒙版羽化后的"时间轴"面板

图 3-22 羽化后的"合成"面板

⑫ 在"时间轴"面板选中"白色 纯色 1"图层，打开"变换"属性卷展栏，将时间指示器移动到 4 秒的位置，激活"位置"参数的"关键帧记录器" ⏱，设置第一个关键帧，如图 3-23 所示。

图 3-23 设置第一个关键帧后的"时间轴"面板

⑬ 移动时间指示器到时间轴的第 8 秒，单击工具箱中的"选取工具" ▶，然后在合成窗口中移动纯色层到党徽的右边（纯色层的移动要覆盖住党徽），系统自动建立第二个关键帧，如图 3-24 所示，完成纯色层的位置关键帧动画，视频效果如图 3-25 所示。

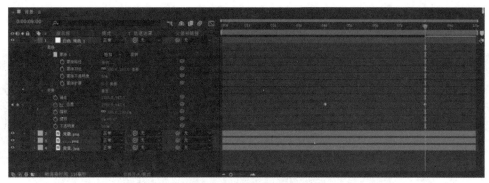

图 3-24　设置第二个关键帧后的"时间轴"面板

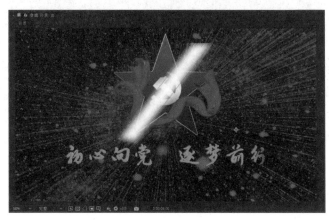

图 3-25　设置"位置"关键帧后的"合成"面板

⑭ 在"时间轴"面板中选中图层"党徽.png"，按【Ctrl+D】键，建立党徽层副本"党徽.png"图层，拖动副本"党徽.png"图层到顶层或按【Ctrl+Shift+ ］】键将其移到顶层，如图 3-26 所示，复制图层后的"合成"面板如图 3-27 所示。

图 3-26　复制图层后的"时间轴"面板

图 3-27　复制图层后的"合成"面板

⑮ 选中"白色 纯色 1"图层，设置轨道遮罩为"党徽.png"图层，选择"Alpha 遮罩"模式◉，或者单击"螺旋线" ◎（轨道遮罩关联器）拖出"直线"到上层"党徽.png"图层，为"白色 纯色 1"图层添加轨道遮罩，如图 3-28 所示，完成后的党徽过光效果如图 3-29 所示。

图 3-28　纯色层添加"Alpha 遮罩"

图 3-29　添加轨道遮罩后的"合成"窗口

注意：如果时间轴未显示轨道遮罩图，可单击时间轴下方的"转换窗格"按钮 。

⑯ 执行完上述步骤后，可按数字键盘上的【0】键预览动画，如图 3-30 所示。

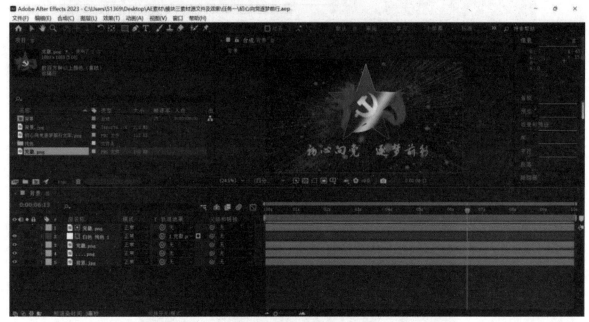

图 3-30　特效完成后的 AE 窗口

3.1 认识蒙版

1. 蒙版的含义和作用

蒙版是一种路径，分为闭合路径蒙版和开放路径蒙版。闭合路径蒙版可以为图层创建透明区域，如图 3-31 所示的"椭圆工具"创建的就是闭合路径蒙版，反转后透明区域就是圆所在区域，如图 3-32 所示。开放路径蒙版无法为图层创建透明区域，但可用作效果参数。

图 3-31　闭合路径蒙版

图 3-32　反转后的闭合路径蒙版

2. 新建蒙版

① 在图层上创建一个蒙版，可以使用快捷键【Ctrl+Shift+N】或者从菜单栏中选择"图层→蒙版→新建蒙版"命令来创建蒙版图层，默认创建的是矩形蒙版。

② 在图层上创建多个蒙版，先选中图层，选择绘制形状工具（例如矩形、椭圆、多边形等工具）来绘制，如图 3-33 所示，绘制蒙版后的效果如图 3-34 所示。

图 3-33　创建蒙版后的"时间轴"面板

图 3-34　绘制蒙版后的"合成"面板

3. 蒙版的属性

当对图层添加蒙版后，图层会自动出现"蒙版"属性。如图 3-35 所示，其参数如下。

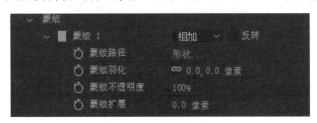

图 3-35　"蒙版"属性

●蒙版路径：由蒙版控制点确定蒙版形状。可更改位置（双击路径边缘出现框后再进行移动；或者点击蒙版，路径的点变成实心方形后再移动）或更改形状（选择图层后移动点；或者选择蒙版，框选要移动的点）。

●蒙版羽化：通过设置羽化值改变蒙版边缘的软硬度。

●蒙版不透明度：通过设置数值改变蒙版内图像的不透明度。

●蒙版扩展：将数值设为正数或负数，可对当前蒙版进行扩展或收缩。

●反转：是否勾选该项将决定蒙版路径以内或以外为透明区域。

通过关键帧记录蒙版属性的改变而产生蒙版动画。

4. 蒙版的布尔运算

AE 蒙版系统提供了 3 种布尔运算方式和 3 种混合模式，如图 3-36 所示。布尔运算是通过对两个以上的物体进行并集、差集、交集的运算，从而得到新的物体形态。布尔运算方式包括相加、相减和交集。

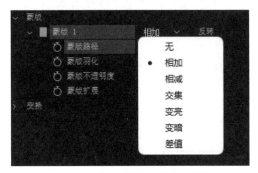

图 3-36　蒙版"布尔运算"属性图

相加：用来将两个蒙版合并，相交的部分将被删除，运算完成后两个蒙版将成为一个相加后的蒙版。

相减：用来将两个蒙版相交的部分保留下来，删除不相交的部分。

交集：在蒙版 2 中减去与蒙版 1 重合的部分。

3.2 创建蒙版的常用工具

1. 形状工具组

形状工具组可建立规则蒙版。形状工具组包括 5 个工具，分别是矩形工具、圆角矩形工具、椭圆工具、多边形工具、星形工具，如图 3-37 所示。

图 3-37　形状工具组

通过形状工具组创建蒙版的方法如下：

① 在时间轴上选中素材图层；

② 在工具面板中选择规则蒙版工具，在合成窗口中找到起始位置，按住鼠标左键进行拖动至结束位置，产生蒙版。

● 按住【Shift】键拖曳，产生的蒙版其宽和高为同比例。

● 按住【Ctrl】键拖曳，以落点为中心开始建立蒙版。

2. 钢笔工具组

钢笔工具组 可建立不规则蒙版。钢笔工具组包括 5 个工具，分别是钢笔工具 、添加"顶点"工具 、删除"顶点"工具 、转换"顶点"工具 、蒙版羽化工具 ，如图 3-38 所示。

图 3-38　钢笔工具组

① 添加"顶点"工具 。单击工具箱中的"添加'顶点'工具"可以在路径上添加锚点。

② 删除"顶点"工具 。单击工具箱中的"删除'顶点'工具"可以在路径上删除锚点。

③ 转换"顶点"工具 。

a. 角点转换为平滑点。

在角点上单击并拖动鼠标，可以将角点转为平滑点。

b. 平滑点转换为角点。

方法 1：直接单击平滑点，可将平滑点转换为没有方向线的角点。

方法 2：拖动平滑点的方向线，可将平滑点转换为具有两条相互独立的方向线的角点。

方法 3：按住【Alt】键的同时单击平滑点，可将平滑点转换为只有一条方向线的角点。

④ 蒙版羽化工具 。

为蒙版添加羽化效果，按两下【G】键可选择蒙版羽化工具，从蒙版边往另一边拉会生成羽化区域，点选羽化边缘上的点拖动，可以调节局部羽化细化效果，如图3-39所示。AE的蒙版羽化工具不能直接调出，需要新建蒙版然后再使用蒙版羽化工具。

图3-39　蒙版羽化效果图

通过钢笔工具组创建蒙版的方法如下：

① 在时间轴面板上选中素材图层；

② 在工具面板中选择钢笔工具，在合成窗口中找到起始位置，单击鼠标产生控制点；

③ 将鼠标移到下一个控制点位置，单击鼠标产生控制点；

④ 当鼠标指针回到第一个控制点时出现一个圆形的标记，单击形成封闭的蒙版路径；

⑤ 单击鼠标产生控制点时，按住鼠标进行拖动，控制点会产生控制方向的控制柄，改变控制柄的方向和长度，将影响路径的弯曲程度，从而产生曲线蒙版路径。

3.3　了解与应用遮罩

1. 遮罩的概念

遮罩即遮挡、遮盖，遮挡部分图像内容，并显示特定区域的图像内容，相当于一个窗口。不同于蒙版，遮罩是作为一个单独的图层存在的，通常是上对下遮挡的关系。

2. 遮罩与蒙版的区别

（1）显示不同

遮罩：通过遮罩图层中的图形对象，透出下面图层中区域内的内容。

蒙版：通过创建图层蒙版，显示当前面图层中区域内的内容。

（2）效果图像不同

遮罩：可以将多个层组合放在一个遮罩层下，以创建出多样的效果。

蒙版：只可以在图层上创建蒙版，以创建出蒙版效果图像。

（3）透明度不同

遮罩：遮罩可以将不同灰度色值转化为不同的透明度。

蒙版：蒙版效果是整体调节不透明度，不能调整不同的透明度。

3. 常用遮罩效果详解

常用的"轨道遮罩"（Track Matte）的工作原理是通过透明度和不透明度体现透显程度（透显程度指的是遮罩层透过自身能够显示出的图像的清晰程度），不透明度越高，透明度越低，图片越清晰；不透明度越低，透明度越高，图片越不清晰。轨道遮罩在"时间轴"面板中设置，位于图层后面，可通过快捷键【F4】或单击"控制窗格" ▇▇▇ 显示或隐藏。轨道遮罩分为 Alpha 遮罩和亮度遮罩。

（1）Alpha 遮罩

Alpha 遮罩读取的是遮罩层的不透明度信息。使用 Alpha 遮罩之后，遮罩的透显程度受到自身不透明度影响，但是不受亮度影响。遮罩层不透明度和透显程度成正比，即不透明度越高，显示的内容越清晰。也可以理解为遮罩层透明度越低（最低为 0%），显示出的内容越清晰。

在遮罩层不透明度不变的情况下修改遮罩层的亮度信息，显示图片的清晰度没有发生变化（HSB 色彩模式下，B 代表亮度（Brightness），A 代表透明度（Alpha），XY 表示当前鼠标所指位置）。而在遮罩层亮度信息不变的情况下，改变其不透明度，显示图像的清晰度会随之变化。因此 Alpha 遮罩的特性是只受遮罩不透明度的影响。

（2）亮度遮罩

亮度遮罩读取的是遮罩层的亮度（明度）信息。白色的部分（亮度为 255 时）透显程度最高，图片最清晰；黑色的部分（亮度为 0 时）完全不显示，图片最暗；灰色的部分（亮度为 255/2=127.5 时）清晰度为原图的一半，介于两者之间。遮罩层亮度值越大，显示出的图片越亮、越清晰，反之越暗。

以上两种遮罩的使用场景各不相同，但是当遮罩层是带黑白通道的图像时，选择这两种方式的效果是一样的。

4. 遮罩效果的基本操作

① 启动 AE，新建项目文件，进入 AE 工作界面。基于素材新建合成，利用"导入"命令将图片素材导入项目面板。拖动图片至时间轴面板，作为底层，名称设置为"基底层"。

② 在没有图层被选中的情况下，选择"五角星形状"工具，创建五角星形状图层，设置"描边"为白色，单击"添加"按钮混色器中的"填充样式"，选择"线性渐变"，设置其"填充"样式为"黑色 – 白色"的线性填充，使用填充变形工具将渐变调整为"水平渐变"，并且将边框设置为"无"，如图 3-40 所示。

图 3-40　创建"渐变"填充五角星形状层

③ 选中"2 基底层"，设置轨道遮罩选择"形状图层 1"，默认选择"Alpha 遮罩" ◉，或者通过单击"螺旋线" ◉（轨道遮罩关联器）拖动直线到形状层，为基底层添加"轨道遮罩"，如图 3-41 所示，合成后的效果如图 3-42 所示。

图 3-41　基底层添加"轨道遮罩"

图 3-42　图层添加"Alpha 遮罩"后的效果

④ 单击"Alpha 遮罩"和"亮度遮罩"切换按钮，为图层添加"亮度遮罩"，黑色部分完全透明，白色部分完全不透明，灰色部分呈现半透明效果，如图 3-43 所示。

图 3-43　图层添加"亮度遮罩"后的效果

任务 2　绽放的烟花——MG 动画

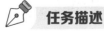 任务描述

绽放的烟花是利用形状工具和效果器制作关键帧动画来完成的特效，通过本任务的学习，能够深刻地理解形状工具的功能和使用方法。最终效果如图 3-44 所示。

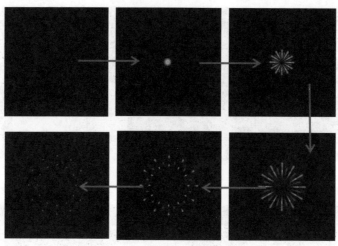

图 3-44　"绽放的烟花"效果图

 任务解析

在本任务中，需要完成以下操作。

●启动 AE，新建项目文件，进入 AE 工作界面，创建合成。

●新建形状图层，利用"钢笔工具"在合成窗口中心创建"直线段"。

●设置线段的属性，设置"线段端点"为"圆头端点"，调整"锥度"的起始长度。

●线段添加"修建路径"效果器，设置"开始"和"结束"关键帧动画，完成单个烟花效果。

●线段添加"中继器"效果器，设置"副本"和"变换"。

●复制多层，调整颜色、大小和位置，制作最终效果。

 操作步骤

①启动 AE 新建项目，按【Ctrl+N】键新建合成，设置"合成名称"为"烟花"，"宽度"设置为 600px，"高度"设置为 600px，"持续时间"设置为 2 秒，"像素长宽比"设置为"方形像素"（由于是制作于计算机播放的 MG 动画，所以设置视频为方形像素），合成设置如图 3-45 所示。单击"确定"，合成窗口效果如图 3-46 所示。

图 3-45　"合成设置"对话框

图 3-46　合成面板

②选择"合成"面板，单击图标██，选择"标题 / 动作安全"，为合成添加安全框，效果如图 3-47 所示。

图 3-47 添加安全框后的"合成"面板

③ 选择工具栏中的"钢笔工具" ，单击"填充"按钮填充，打开"填充选项"对话框，设置填充为"无"，点击"确定"，如图 3-48 所示。

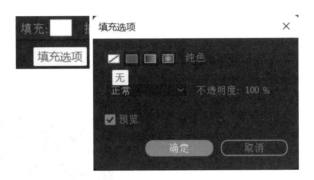

图 3-48 "填充选项"对话框

④ 鼠标单击"描边"按钮，打开"描边选项"对话框，设置填充为"纯色"，点击"确定"，如图 3-49 所示，设置颜色为"绿色（#008D86）"，如图 3-50 所示，"描边宽度"为 10 像素，如图 3-51 所示。

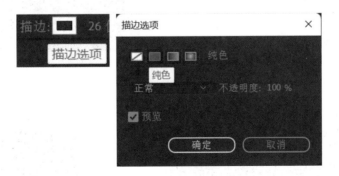

图 3-49 "描边选项"对话框

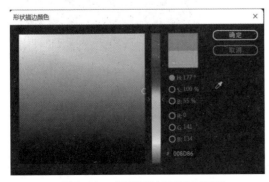

图 3-50 "形状描边颜色"对话框

图 3-51 设置"描边宽度"

⑤ 在"合成"窗口中心创建形状，鼠标左键单击安全框中的"十字"图标 ■，确定钢笔的第一个锚点，在时间轴面板中自动创建"形状图层 1"，如图 3-52 所示，按住【Shift】键向上绘制第二个锚点，在空白处配合【Ctrl】键点击鼠标左键，结束线段的创建，如图 3-53 所示。

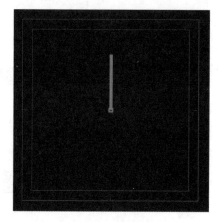

图 3-52　创建"形状图层 1"　　　　　　　　　　　图 3-53　创建线段

注意：钢笔工具的第一个锚点一定要与合成的正中心重合，防止后期添加"中继器"效果器时出现偏移。

⑥ 选择时间轴面板，选中"形状图层 1"，单击图层前面的"小箭头"，依次打开"内容→形状 1→描边 1"的卷展栏，设置"线段端点"为"圆头端点"，如图 3-54 所示，效果如图 3-55 所示。

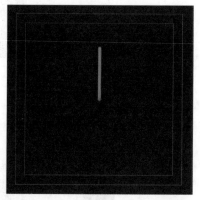

图 3-54　"线段端点"下拉框　　　　　　　　图 3-55　设置"线段端点"后的"合成"面板

⑦ 打开"锥度"卷展栏，设置"起始长度"数值为 100%，如图 3-56 所示，效果如图 3-57 所示。

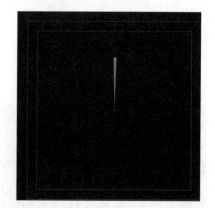

图 3-56　"锥度"选项面板　　　　　　　　　　图 3-57　设置"起始长度"后的"合成"面板

⑧ 选择形状图层"内容"属性，单击"添加"按钮 添加：■，如图 3-58 所示，为形状图层添加"修剪路径"效果器，如图 3-59 所示。

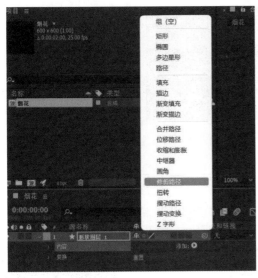

图 3-58　添加效果器

图 3-59　添加"修剪路径"后的"时间轴"面板

⑨ 打开"修剪路径"卷展栏，将时间指示器移动到 0 秒的位置，激活"开始"和"结束"的"关键帧记录器" 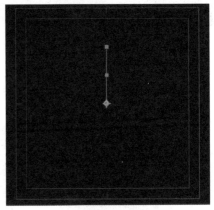，设置数值都为 0，设置开始和结束的第一个关键帧，如图 3-60 所示，图形效果如图 3-61 所示。

图 3-60　设置关键帧后的"时间轴"面板

图 3-61　设置动画后的"合成"面板

⑩ 将时间指示器移动到 1 秒的位置，"开始"和"结束"的数值都设置为 100%，自动生成关键帧，如图 3-62 所示，完成单个烟花动画效果。

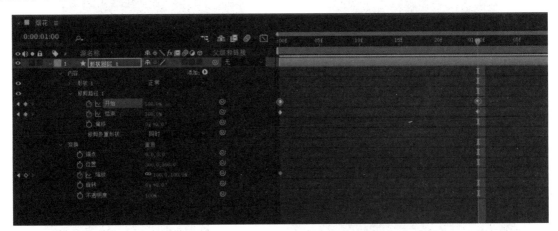

图 3-62　设置关键帧后的"时间轴"面板

⑪ 选中"开始"的两个关键帧（鼠标框选），向后拖动 7 帧，如图 3-63 所示，烟花效果如图 3-64 所示。

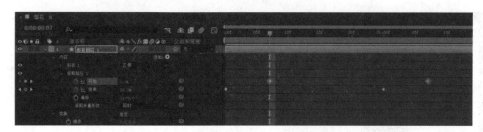

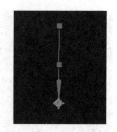

图 3-63　移动关键帧后的"时间轴"面板

图 3-64　设置烟花效果后的"合成"面板

注意：拖动的帧数越多，线段显示得越长，烟花拖尾效果越明显。

⑫ 选中所有关键帧，按键盘【F9】，或者选择菜单栏上的"动画→关键帧辅助→柔缓曲线"，关键帧由"菱形关键帧"变成"漏斗形关键帧"，为烟花动画添加缓动效果，如图 3-65 所示，烟花拖尾效果如图 3-66 所示。

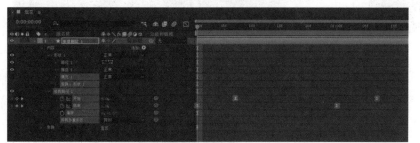

图 3-65　设置缓动关键帧后的"时间轴"面板

图 3-66　添加缓动效果后的"合成"面板

⑬ 选择形状图层，打开"内容"属性，单击"添加"按钮 添加: ○ ，选择"中继器"，为形状图层添加"中继器"效果器，如图 3-67 所示，效果如图 3-68 所示。

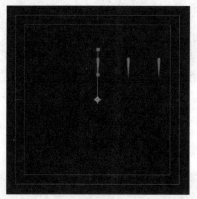

图 3-67　添加"中继器"效果器

图 3-68　添加"中继器"后的"合成"面板

⑭ 展开"中继器 1"卷展栏，设置"副本"为 12，展开"变换：中继器 1"卷展栏，设置"位置"为 0，"旋转"为 30°（360°/12），如图 3-69 所示，效果如图 3-70 所示。

图 3-69　设置中继器后的"时间轴"面板

图 3-70　设置中继器参数后的"合成"面板

⑮ 选中形状图层，按两次【Ctrl+D】键，复制两个形状图层——"形状图层 2"和"形状图层 3"，如图 3-71 所示。

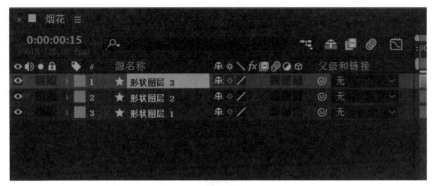

图 3-71　复制形状图层后的"时间轴"面板

⑯ 选择"形状图层 2"，打开"描边"卷展栏，修改颜色为紫色，打开"变换"卷展栏，修改"缩放"为 80%，"旋转"数值为 15°，如图 3-72 所示，烟花效果如图 3-73 所示。

图 3-72　设置后的"形状图层 2"的属性

图 3-73　设置"形状图层 2"后的"合成"面板

⑰ 选择"形状图层 3"，打开"描边"卷展栏，修改颜色为黄色，打开"变换"卷展栏，修改"缩放"为 70%，如图 3-74 所示，烟花效果如图 3-75 所示。

图 3-74　设置后的"形状图层 3"的属性

图 3-75　设置"形状图层 3"后的"合成"面板

⑱ 执行完上述步骤后，可按数字键盘上的【0】键预览动画，最后渲染输出，完成绽放的烟花 MG 动画。

3.4 形状图层

1. 基本形状与属性

（1）创建形状图层的方法

在有图层被选中的情况下，在时间轴面板空白处右键单击鼠标，选择"新建→形状"命令创建形状图层，选择形状工具，在合成窗口中找到起始位置，按住鼠标左键拖动至结束位置，产生形状；在没有图层被选中的情况下，可用钢笔工具 和形状工具组直接创建形状图层。

（2）创建形状图层的工具

钢笔工具 可创建不规则的形状，形状工具组 可建立规则形状。形状工具组包括 5 个工具，分别是矩形工具 、圆角矩形工具 、椭圆工具 、多边形工具 、星形工具 ，如图 3-76 所示。

图 3-76　形状工具组

● 按住【Shift】键拖曳，产生的形状其宽和高为同比例。

● 按住【Ctrl】键拖曳，以落点为从中心开始建立蒙版。

● 按住【Ctrl+Shift】键拖曳，建立以落点为中心的同比例图形。

● 选择圆角矩形工具绘制图形时，按住左键的同时滑动鼠标滑轮可调节圆角大小。

● 选择多边形工具和星形工具绘制图形时，按住鼠标左键的同时滑动鼠标滑轮可调节多边形和星形的边数。

创建形状时形状工具的工具栏状态与创建蒙版时有所不同，如图 3-77 所示。

创建形状　　　　　　　　　　　　　　　　创建蒙版

图 3-77　形状工具的工具栏状态

2. 形状图层效果器

形状工具栏的"添加"按钮 可为形状添加效果器，AE 提供了三组不同的效果器，如图 3-78 所示。

3. 虚线动画

① 启动 AE，新建项目，按【Ctrl+N】键新建合成，合成设置如图 3-79 所示。

图 3-78　形状图层效果器

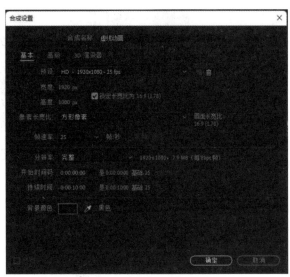

图 3-79　"合成设置"对话框

②产生新合成之后，在时间轴面板中单击鼠标右键，选择"新建→形状图层"命令，新建一个形状层，如图 3-80 所示。

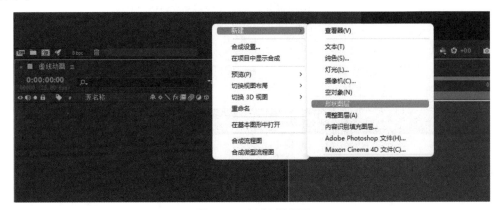

图 3-80　新建形状图层

③选择工具栏中"矩形工具"，如图 3-81 所示，在合成窗口中绘制矩形形状，如图 3-82 所示。

图 3-81　"矩形工具"工具栏

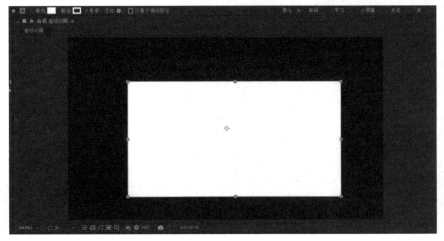

图 3-82　绘制矩形后的"合成"对话框

④单击"填充"按钮，打开"填充选项"对话框，设置填充为"无"，点击"确定"，如图 3-83 所示。

图 3-83 "填充选项"对话框

⑤ 单击"描边"按钮，打开"描边选项"对话框，设置填充为"纯色"，点击"确定"，如图 3-84 所示。

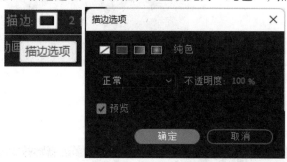

图 3-84 "描边选项"对话框

⑥ 把鼠标靠近像素的数值，出现双向箭头，向右滑动鼠标设置"描边"宽度为 26 像素，如图 3-85 所示，合成窗口的矩形变成只带描边效果的矩形框。

图 3-85 调整后的"矩形工具"的工具栏状态

⑦ 选择形状图层，打开形状图层的"内容"属性组，打开"矩形"，打开"描边 1"卷展栏，单击"添加虚线或间隙"按钮（虚线右边的加号"+"），添加虚线和偏移参数，如图 3-86 所示，合成窗口的内容变成虚线效果，如图 3-87 所示。

图 3-86 设置虚线后的"时间轴"面板

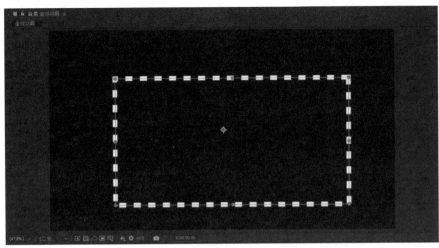

图 3-87　设置虚线后的"合成"面板

⑧ 为虚线添加动画效果，将时间指示器移动到 0 秒的位置，激活偏移参数的"关键帧记录器" ，为虚线设置第一个关键帧；将时间指示器移动到 10 秒的位置，设置"偏移"值为 1000，播放动画，完成虚线动画效果，如图 3-88 所示。

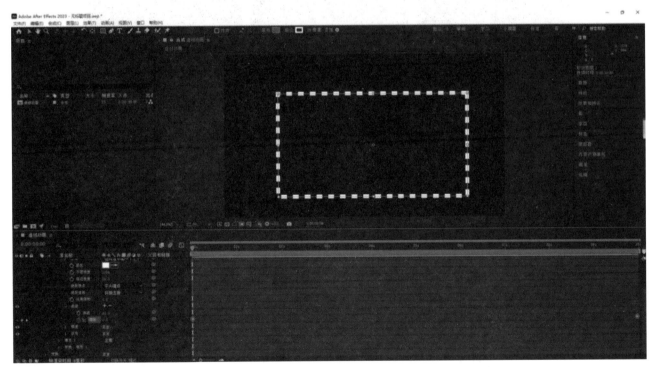

图 3-88　设置虚线动画后的 AE 界面

🚀 岗位知识储备——MG 动画的基本常识

　　MG 动画是 Motion Graphics 的简称，也缩写成 Mograph。MG 动画本质上是"运动的图像"。MG 动画和一般意义上的动画有很大的差别，传统动画的构成元素主要是角色和场景，用画出来的角色和场景讲故事，而 MG 动画的构成元素则是各种图像和文字，它的作用是营造特殊的视觉效果。MG 动画起源于电影行业，兴盛于电视、广告、网络、自媒体等行业，因此，平时常见的广告和电视片头都是用 MG 动画做出来的，而 AE 是 MG 动画的必修课程。

➡巩固练习

1. 制作"景点介绍"创意视频，如图 3-89 所示。

图 3-89 "景点介绍"创意视频

2. 制作"AE 影视节目片头"创意视频，如图 3-90 所示。

图 3-90 "AE 影视节目片头"创意视频

文字是影视作品中常见的元素，它能够表述作品信息、美化作品，让内容更加直观、深刻。在 After Effects 中可以利用文字图层的基本属性、预置文字动画、路径工具、动画制作工具系统制作简单的文字动画效果。

 学习目标

1.知识目标

掌握 AE 文字工具的使用方法；

掌握常见文字特效的添加方法；

掌握 AE 预置文字动画的添加方法，能对预置动画的参数进行修改；

掌握路径绘制方法及路径文字的添加方法。

2.能力目标

能利用预置效果制作文字动画；

能利用路径文字制作不同的动画效果。

任务1　满江红·小住京华——预置文字动画

 任务描述

通过完成本任务，能够掌握预置文字动画的添加方法，通过修改预置动画的参数实现文字动画。最终效果如图 4-1 所示。

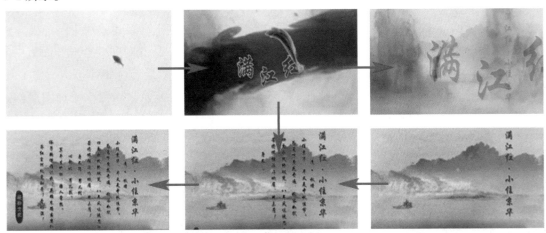

图 4-1　"满江红·小住京华"效果图

 任务解析

在本任务中，需要完成以下操作。

●启动 AE，新建项目文件。利用"导入"命令将视频、图片素材导入项目面板，并分类整理素材。创建两个合成——"预置文字"和"片头"。

●制作"片头"合成。新建合成，命名为"片头"，以素材"片头"为背景，新建文本图层，添加图层样式制作文字效果，并制作简单文字动画。对视频文件"鱼.mp4"添加"线性颜色键效果"。

●"预置文字"合成的制作。新建合成，命名为"预置文字"，将素材"背景"拖入时间轴，新建文本层，输入文字，通过"效果和预设"给文字添加"文字处理器"效果。给落款增加动画效果。

●新建合成"main"，制作最终效果，分别将两个合成"预置文字"和"片头"拖入时间轴的正确位置，增加曲线效果，调整亮度。

操作步骤

① 启动 AE 新建项目，选择"文件→导入→文件…"命令，弹出"导入文件"对话框，如图 4-2 所示，选中所有素材，单击"导入"按钮，将素材导入项目面板中，如图 4-3 所示。

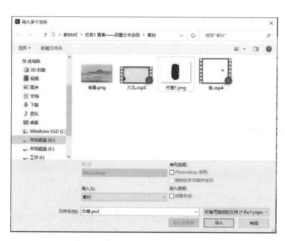

图 4-2　"导入文件"对话框

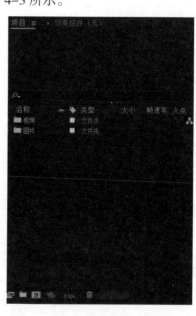

图 4-3　导入素材并整理后的"项目"面板

② 拖曳"片头.mp4"素材到"项目"面板底部的"新建合成"按钮上，新建"片头"合成。

③ 在"时间轴"面板的空白位置处右击，执行"新建→文本"命令，此时在"合成"面板中出现插入文本光标，输入"满江红"，在"字符"面板设置字体系列为"华文行楷"，设置字体大小为"130 像素"，设置"江"的基线偏移为"-80 像素"，如图 4-4 所示，效果如图 4-5 所示。给文字添加图层样式——投影和描边，描边颜色设置为"F7E4C1"，如图 4-6 所示，使用"选取工具"拖曳调整文字位置如图 4-7 所示。

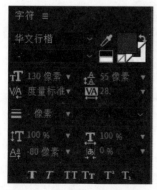

图 4-4　"字符"面板参数设置

图 4-5　调整后的文字效果

图4-6　文字图层样式

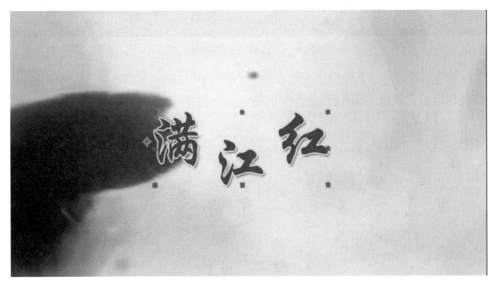

图4-7　添加图层样式后的文字效果

④将"鱼.mp4"素材拖曳到"时间轴"面板中"片头"视频素材上方，如图4-8所示添加"线性颜色键"，打开"效果与控件"面板，选中参数"主色"后面的吸管工具，在"鱼.mp4"白色处单击，抠去"鱼.mp4"的白色背景，效果如图4-9所示。

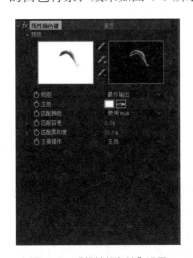

图4-8　"线性颜色键"设置

图4-9　"鱼.mp4"抠去白色背景的效果

⑤制作"满江红"文字动画。在第1帧处设置"位置"为"298.0，670.0"，第1秒处"位置"设置为"298.0，320.0"，制作文字由底部滑入的效果。接下来制作放大和淡出的效果，在第1秒05帧处，按下"缩放"和"不透明度"的"时间变化秒表"，在2秒05帧处插入关键帧，设置"缩放"为"240%"，"不透明度"为"0%"，参数设置如图4-10所示，完成"片头"部分的制作。

图 4-10　文字变换参数设置

⑥ "预置文字"合成的制作。新建合成，命名为"预置文字"，将素材"背景"拖入时间轴，新建文本层，选择"直排文字工具"，将素材"满江红.txt"中的诗词粘贴过来，并进行排版，设置字体为"华文行楷"，如图 4-11 所示。

图 4-11　文字排版效果

⑦ 在"时间轴"面板中单击文本图层，执行"图层样式→投影"命令，添加"投影"样式，用同样的方法添加"外发光"样式，如图 4-12 所示，效果如图 4-13 所示。

图 4-12　图层样式

图 4-13　添加图层样式后的文字效果

⑧ 制作预置文字动画。执行菜单"窗口→效果和预设"命令或按【Ctrl+F5】，如图 4-14 所示，显示"效果和预设"面板，选择文本图层，在"效果和预设"面板中选择"动画预设→Text→Multi Line→文字处理器"命令并双击，则动画效果便添加到文字上。单击小键盘上的【0】键预览测试动画，会发现默认的动画效果不能完全显示文字内容，可以对其进行适当的调整。选中文字图层，按【U】键显示设置了关键帧的属性，可以看到预置动画使用了 2 个效果——"键入"和"光标闪烁"，通过"键入"下的"滑块"制作关键帧动画。选择文字图层，打开效果控件可以看到文字效果，如图 4-15 所示。展开文字图层的"效果→键入"，在时间轴和第 1 帧处按下"滑块"前的"时间变化秒表"，在时间轴第 3 秒处插入关键帧，"滑块"数值设为"596.00"，如图 4-16 所示，得到文字由右向左逐行显示的动画效果，如图 4-17 所示。单击小键盘上的【0】键预览测试动画。

图 4-14　"效果和预设"命令

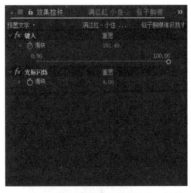

图 4-15　添加了预置动画后的效果控件

图 4-16　文本预置效果设置

图 4-17　添加预置动画后的效果

⑨ 此时诗词的出现是匀速的，没有节奏感，下面进一步调整诗词出现的节奏，要求题目"满江红·小

住京华"出现以后能够有一个停顿，然后每一句诗出现以后有一个停顿。拖动时间指针在文本"满江红·小住京华"出现后而第一句诗还没有出现的位置，单击左侧的"添加关键帧"按钮，添加关键帧。选择这个关键帧，按【Ctrl+C】进行复制，将指针后移一段时间，按【Ctrl+V】进行粘贴，如图 4-18 所示。

图 4-18　制作停顿效果

⑩ 制作落款。将素材"印章 .png"拖入时间轴文本图层的下面，制作印章由底部飞入的动画。选中"印章"，展开"变换"，在时间轴第 1 帧处按下"位置"前面的"时间变化秒表"，设置"位置"为"117.0,762.0"，在时间轴第 4 秒处插入关键帧，设置"位置"为"117.0,546.0"，如图 4-19 所示。添加印章后的效果如图 4-20所示。

图 4-19　"印章"时间轴设置

图 4-20　添加印章后的效果

⑪ 选择工具栏上的"横排文字工具"，在"合成"面板中输入"文化经典"，新建"文化经典"文本图层，选中文字，在"字符"面板中设置字体为"新蒂黑板报"，设置字体大小为"35 像素"，颜色为"F9992C"，如图 4-21 所示。同第⑩ 步方法相同，制作文字从底部飞入的效果，如图 4-22 所示。

图 4-21　文本设置

图 4-22　文字和圆圈的对齐效果

⑫ 执行菜单"合成→新建→合成"命令，输入名称"main"，创建主合成，分别将合成文件"片头"和"预置文字"拖入时间轴，将"片头"放到时间轴初始位置，"预置文字"在第 2 秒处开始，如图 4-23 所示。

图 4-23　合成"main"时间轴

⑬ 单击小键盘上的【0】键预览测试动画，若效果满意，单击菜单命令"合成→添加到渲染队列"，指定渲染的文件名、保存路径、视频格式，进行渲染输出。

4.1 文字的应用

1. 创建文字的方法

可以单击工具栏中的文字工具 **T** 来创建文字。按住鼠标左键，在文字工具上停一会儿，就会显示横排文字工具 **T** 和直排文字工具 **↓T**，选择其中一个工具，在合成窗口中单击，即可输入文字。

2. 修改文字的方法

单击工具栏中的文字工具，在合成窗口中将光标移动到需要改动的文字上，按住鼠标左键并拖动，选中所要修改的内容，内容以高亮状态显示。可以通过字符面板，对文字的字体、颜色、字号、填充色、描边和风格等进行编辑。

3. 阴影装饰效果

阴影效果是文字装饰效果中最为普遍的一种。AE 为用户提供了两种阴影的效果——"投影"和"径向阴影"。单击菜单命令"效果→透视→投影 / 径向阴影"，可以在效果控件面板中对特效的参数进行设置。

4. 渐变效果

仅仅使用单色的填充和描边效果，会显得有些单调。单击菜单命令"效果→生成→梯度渐变→四色渐变"，可以设置不同的渐变效果。

注意：软件 Adobe Bridge CC 不包含在软件 Adobe After Effects 的软件包中，需要单独在 Adobe 官网下载，该软件的安装路径要与 Adobe After Effects 的安装路径相同。Adobe Bridge CC 是 Adobe Creative Cloud 的控制中心，可用它来组织、浏览和寻找所需资源，用于创建供印刷、网站和移动设备使用的内容。

5. 查看预置文字动画

单击菜单命令"动画→浏览预设"，可以在 Adobe Bridge CC 中预览 Presets 中预置的动画，所有文字动画都放在 Text 文件夹中，如图 4-24 所示。

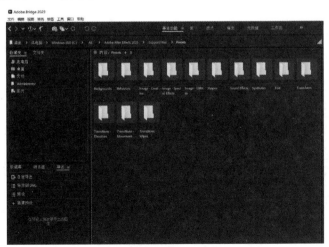

图 4-24　利用 Adobe Bridge CC 预览预置动画

双击进入 Presets 文件夹可以看到不同效果的文字特效，分别列在不同的子文件夹中。当单击不同的文字特效时，可以在右侧预览窗口看到动画效果，如图 4-25 所示。

图 4-25　Adobe After Effects 预置文字动画

图 4-26　效果和预设面板

6. 添加预置文字动画

当看到满意的预置文字动画时，首先在时间轴上选中需要添加动画的文字图层，再在 Adobe Bridge CC 窗口中双击预置动画效果，则预置的文字动画效果就添加到了文字图层上。

添加预置文字动画效果的另一个方法是在时间轴上选中需要添加动画的文字图层，在"效果和预设"面板中展开"动画预设"选项，在 Text 选项中会看到许多有关文字的预置动画效果，选择喜欢的效果直接双击，即可将效果施加给文字，如图 4-26 所示。

7. 修改预置文字特效

在时间轴上展开文字图层的属性，就能看到添加的动画的属性参数，可以通过修改这些参数改变动画效果。

任务 2　追梦少年——路径文字动画

 任务描述

本任务首先通过文字工具和特效对文字进行修饰，然后通过钢笔工具绘制路径，并将路径指定给文字，制作文字沿路径移动的动画。最终效果如图 4-27 所示。

图 4-27　"追梦少年"最终效果

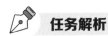

任务解析

在本任务中，需要完成以下操作。

●启动 AE，新建项目文件。利用"导入"命令将视频、图片素材导入项目面板，并分类整理素材。创建两个合成——"路径文字"和"追梦少年"。

●制作"路径文字"合成。新建合成，命名为"路径文字"，以素材"背景.mp4"为背景，新建文本图层，使用钢笔工具沿红丝带飘动形态绘制路径，添加图层样式制作文字效果，并制作路径文字动画。

●制作"追梦少年"合成。新建合成，命名为"追梦少年"，将素材"背景1.mp4"拖入时间轴，添加锐化效果使其更清晰。新建文本层，输入文字"追梦少年"，给文字添加"渐变叠加"图层样式。

●新建合成"main"，制作最终效果，分别将两个合成"路径文字"和"追梦少年"拖入时间轴的正确位置，把"冲击波.mp4"拖入时间轴，通过轨道遮罩制作过渡转场效果。制作"少年.jpg"从底部飞入追逐梦想的效果。

操作步骤

① 启动 AE 新建项目，选择"文件→导入→文件…"命令，弹出"导入文件"对话框，如图 4-28 所示，选中所有素材，单击"导入"按钮，将素材导入项目面板中，按组分类整理，如图 4-29 所示。

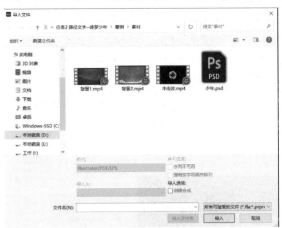

图 4-28　"导入文件"对话框

图 4-29　导入素材并整理后的"项目"面板

② 拖曳"背景1.mp4"素材到"项目"面板底部的"新建合成"按钮上，新建"路径文字"合成。选中"背景1.mp4"图层，执行"效果→模糊和锐化→锐化"命令，添加"锐化"效果，如图 4-30 所示。打开"效果控件"面板，设置"锐化量"为 30，如图 4-31 所示。

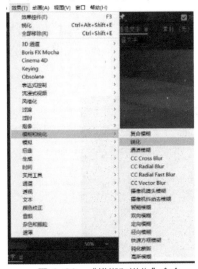

图 4-30　"模糊和锐化"命令

图 4-31　设置"锐化量"

③ 在"时间轴"面板的空白位置处右击，执行"新建→文本"命令，此时在"合成"面板中出现插入文本光标，输入"心有鸿鹄志 追梦少年时"，在"字符"面板设置字体系列为"微软雅黑"，设置字体大小为"70 像素"，颜色为"F1AE00"， 如图 4-32 所示，效果如图 4-33 所示。给文字添加图层样式——投影和描边，描边颜色设置为"FFFFFF"，如图 4-34 所示，使用"选取工具"拖曳调整文字位置，如图 4-35 所示。

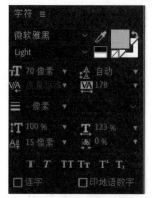

图 4-32 "心有鸿鹄志 追梦少年时""字符"面板

图 4-33 "心有鸿鹄志 追梦少年时"文字效果

图 4-34 "心有鸿鹄志 追梦少年时"图层样式

图 4-35 添加图层样式后的"心有鸿鹄志 追梦少年时"文字效果

④ 选择该文本图层，使用钢笔工具沿着红色飘带绘制路径，系统自动命名为"蒙版 1"，展开图层的"文本"属性，在路径选项中指定路径为"蒙版 1"，这样文字就会沿着路径进行排列，如图 4-36 所示，文字自动吸附到路径上，如图 4-37 所示。

图 4-36 路径设置

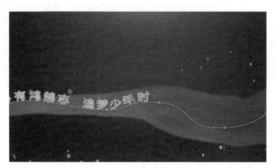

图 4-37　文字吸附到路径效果

⑤将时间指针移到第 0 帧，启动"首字边距"关键帧，设置其数值为 2200。将时间指针移到第 3 秒处，设置"首字边距"的数值为 –1000，如图 4-38 所示。这样就制作了文字沿着路径的右侧向左侧移动的动画，效果如图 4-39 所示。

图 4-38　"首字边距"设置

图 4-39　文字沿着路径运动效果

⑥拖曳"背景 2.mp4"素材到"项目"面板底部的"新建合成"按钮上，新建"追梦少年"合成。

⑦执行"图层→新建→文本"命令，此时在"合成"面板中出现插入文本光标，输入"追梦少年"，在"字符"面板设置字体系列为"微软雅黑"，设置字体大小为"200 像素"，如图 4-40 所示，效果如图 4-41 所示。给文字添加图层样式——渐变叠加和描边，渐变叠加颜色设置为"FFFFFF"到"E88F1B"，描边颜色设置为"FFFFFF"，如图 4-42 所示。使用"选取工具"拖曳调整文字位置如图 4-43 所示。

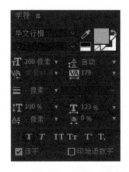

图 4-40　"追梦少年""字符"面板

图 4-41　"追梦少年"文字效果

图 4-42　"追梦少年"图层样式

图 4-43　添加图层样式后的"追梦少年"文字效果

⑧ 执行"图层→新建→形状"命令，选择"圆角矩形"工具，并设置大小为"1100.0，120.0"，圆度为"20.0"，如图 4-44 所示，在文字下方绘制圆角矩形，效果如图 4-45 所示。

图 4-44　圆角矩形设置

图 4-45　绘制效果

⑨ 执行"图层→新建→文本"命令，此时在"合成"面板中出现插入文本光标，输入"不忘初心　不负韶华　青春飞扬"，在"字符"面板设置字体系列为"微软雅黑"，设置字体大小为"30 像素"，文字颜色为"F4C47B"，如图 4-46 所示，将文字拖放到合适位置，效果如图 4-47 所示。

图 4-46　"不忘初心 不负韶华 青春飞扬""字符"面板

图 4-47　"不忘初心 不负韶华 青春飞扬"文字效果

⑩ 执行"图层→新建→文本"命令，此时在"合成"面板中出现插入文本光标，输入"为 / 梦 / 想 / 勇 / 往 / 直 / 前"，在"字符"面板设置字体系列为"隶书"，设置字体大小为"60 像素"，文字颜色为"FFFFFF"，如图 4-48 所示，将文字拖放到合适位置，效果如图 4-49 所示。

图 4-48　"为 / 梦 / 想 / 勇 / 往 / 直 / 前""字符"面板

图 4-49　为 / 梦 / 想 / 勇 / 往 / 直 / 前"文字效果

⑪ 执行"合成→新建→合成"命令，新建"main"合成，把"路径文字"合成拖入"main"合成时间轴，将素材"少年 .jpg"拖到时间轴上，按【P】键打开"位置"，按下"位置"前面的"时间变化秒表"，在时间轴第 1 帧处设置"位置"为"960.0，540.0"，在第 2 秒处设置"位置"为"900.0，800.0"，第 5 秒处设置"位置"为"900.0，900.0"，并将"缩放"设置为"70%"，如图 4-50 所示，效果如图 4-51 所示。

图 4-50　"变换"设置

图 4-51　图像效果

⑫ 将合成"追梦少年"拖入到主合成时间轴上，调整起始点为第 5 秒处，如图 4-52 所示，将素材"冲击波 .mp4"拖入到主合成时间轴上，在时间轴空白处右击，执行"列数→模式"命令，显示"模式"和"轨道遮罩"选项，选中"冲击波 .mp4"图层，单击"轨道遮罩"后的下拉菜单，选择"追梦少年"，如图 4-53 所示，制作冲击波转场效果，如图 4-54 所示。

图 4-52　显示轨道遮罩

图 4-53　设置轨道遮罩图

图 4-54　设置轨道遮罩后的效果

⑬ 将时间轴右上方的渲染区域滑块拖到第 10 秒的位置，这样就使得渲染区域长度为 10 秒。

⑭ 单击预览面板中的按钮进行预览，观察动画效果是否满意。若效果满意，单击菜单命令"合成→添加到渲染队列"，指定渲染的文件名、保存路径、视频格式，单击"渲染"按钮进行渲染输出。

4.2 路径动画的基本设置

1. 路径绘制工具

钢笔工具 包括"钢笔工具""添加'顶点'工具""删除'顶点'工具""转换'顶点'工具"和"蒙版羽化工具"，如图 4-55 所示。将它们结合使用，可以绘制各种形状的矢量图形和复杂的路径。

图 4-55　钢笔工具

2. 路径文本的建立方法

在合成窗口中输入文本。在时间轴上选中文本图层，在工具栏中选择钢笔工具，在合成窗口内画出路径。在时间轴上展开文字图层的属性，展开"文本"下拉列表，在此表中单击"路径选项"下拉列表框，在下拉列表中指定刚才绘制的蒙版为文本路径，如图 4-56 所示。

图 4-56　设置文本路径

3. 矩形工具

"矩形工具"包括"矩形工具""圆角矩形工具""椭圆工具""多边形工具"和"星形工具"，如

图 4-57 所示。可以使用矩形工具绘制正方形和矩形，按住【Shift】键可绘制正方形，按住【Alt】键可以落点为中心绘制矩形。

图 4-57　矩形工具

➡ 巩固练习

1. 使用提供的图片和文字素材，制作如图 4-58 所示的预置文字动画。标题"再别康桥"制作流光字的效果，正文添加"电流"动画效果。

图 4-58　"再别康桥"效果

2. 使用提供的素材，制作如图 4-59 所示的预置文字动画。文字添加"按单词飞入"动画效果，背景视频要进行适当的处理。

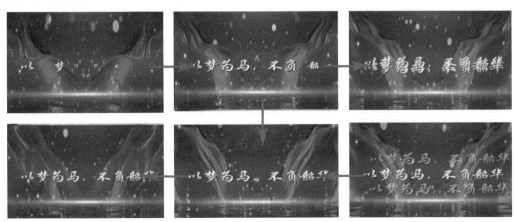

图 4-59　"以梦为马 不负韶华"效果

3. 制作如图 4-60 所示的路径文字——"携手同行创未来"。

图 4-60 "携手同行创未来"效果

4. 使用素材制作"薪火相传"的路径文字效果，如图 4-61 所示。

图 4-61 "薪火相传"效果

5. 以"保护海洋"为题搜集素材，制作文字路径动画。

在影视作品中，离不开特效的使用。所谓视频特效，就是为视频文件添加特殊效果，使其产生丰富多彩的视频效果，更好地表现作品主题。After Effects 软件自带了很多标准特效，其中包括 transition(过渡)、blur&sharpen(模糊与锐化)、color correction(颜色校正)、distort(扭曲)、 keying(键控制)、matte(蒙板)、simulation(仿真)、stylize(风格化)、text(文字) 和 audio(音频) 等。

 学习目标

1. 知识目标

理解视频特效的含义；

掌握视频特效的使用方法；

掌握视频特效参数的调整；

掌握常见内置特效动画的制作技巧。

2. 能力目标

具备视频特效的基本操作能力；

具备制作绚丽视频作品的能力。

任务 1　"中国印象"片头——过渡效果组的应用

 任务描述

通过完成本任务，能够掌握利用过渡效果组进行视频转场的制作技巧。最终效果如图 5-1 所示。

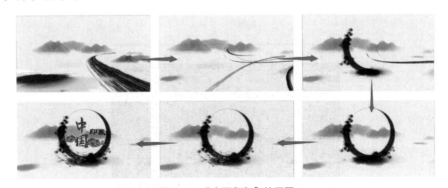

图 5-1　"中国印象"效果图

 任务解析

在本任务中，需要完成以下操作。

● 启动 AE，新建项目文件，进入 AE 工作界面。基于素材新建合成，利用"导入"命令将视频、图片素材导入项目面板。使用素材创建合成，添加"背景视频"素材及音乐素材。

●将"中国印象 .psd"分层导入，分别添加过渡效果，创建属性关键帧动画，制作最终效果。

操作步骤

① 启动 AE，新建项目，执行"文件→导入→多个文件"命令，弹出"导入文件"对话框，如图 5-2 所示，选中"背景 .mov"和"音乐 .mp3"素材，单击"导入"按钮，将素材导入项目面板中。

图 5-2　"导入文件"对话框

② 执行菜单"合成→新建合成"命令（快捷键【Ctrl+N】），设置合成名称为"背景视频"，宽为 1920px，高为 1080px，帧速率为 25 帧 / 秒，并设置持续时间为"00:00:10:00"。

③ 将"背景 .mov"和"音乐 .mp3"素材拖曳到"时间轴"面板，如图 5-3 所示。

图 5-3　"时间轴"面板

④ 执行菜单"文件→导入→文件 ..."命令，选择"中国印象 .psd"，在弹出窗口中"导入种类"选择"素材"，"图层选项"选择"选择图层"，选择"梅花"，单击"确定"按钮，导入素材，如图 5-4 所示。

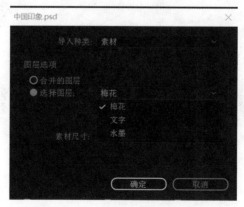

图 5-4　导入"梅花 / 中国印象 .psd"

⑤ 使用相同的方法，分别导入"文字 / 中国印象 .psd"和"水墨 / 中国印象 .psd"素材。

⑥ 选择"水墨 / 中国印象 .psd"，拖至合成窗口，设置入点时间为"00:00:03:00"，选中图层，选择菜单"效果→过渡→径向擦除"，打开"效果控件"面板，设置"起始角度"为 –39.0°，将时间调整到"00:00:03:10"

帧位置，设置过渡的值为 100%，单击左侧的"码表" 按钮，在当前位置设置关键帧，拖动时间轴，将时间调整到"00:00:04:00"帧位置，设置过渡的值为 0%，会自动设置关键帧，设置如图 5-5 所示。

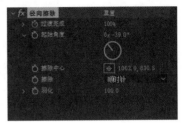

图 5-5　"水墨 / 中国印象 .psd"径向擦除效果数值

⑦ 选择"文字 / 中国印象 .psd"，拖至合成窗口，设置入点时间为"00:00:03:00"，选中图层，选择菜单"效果→过渡→渐变擦除"命令，打开"效果控件"面板，设置"过渡柔和度"为 90%，将时间调整到"00:00:03:00"帧位置，设置过渡的值为 0%，单击左侧的"码表" 按钮，在当前位置设置关键帧，拖动时间轴，将时间调整到"00:00:05:00"帧位置，设置过渡的值为 100%，会自动设置关键帧，设置如图 5-6 所示。

图 5-6　"文字 / 中国印象 .psd"渐变擦除效果数值

⑧ 选择"梅花 / 中国印象 .psd"，拖至合成窗口，设置入点时间为"00:00:03:00"，选中图层，选择菜单"效果→过渡→块溶解"，打开"效果控件"面板，将时间调整到"00:00:04:00"帧位置，设置过渡的值为 100%，单击左侧的"码表" 按钮，在当前位置设置关键帧，拖动时间轴，将时间调整到"00:00:05:00"帧位置，设置过渡的值为 0%，会自动设置关键帧，设置如图 5-7 所示。

图 5-7　"梅花 / 中国印象 .psd"块溶解效果数值

⑨ 按【Enter】键，即可在合成窗口预览视频效果。

⑩ 按【Ctrl+M】键，添加到渲染序列，单击"输出模块"右侧，弹出"输出模块设置"窗口，格式选择"H.264"，其他保持默认值，单击"确定"。单击输出到右侧"尚未指定"，弹出"将影片输出到"窗口，选择"保存"路径，单击"保存"。单击"渲染"按钮，即可输出影片。

5.1 过渡效果

1. 了解和应用过渡效果

（1）过渡效果的定义

过渡效果是指作品中相邻两个素材承上启下的衔接效果，当一个场景淡出时，另一个场景淡入，也可能是用于将一个场景连接到另一个场景中，以戏剧性的方式丰富画面，突出画面的亮点。

（2）过渡效果的基本操作

①添加过渡效果。

选择图层后，执行"效果→过渡"命令，在弹出的子菜单中选择相应效果，即可为图层添加过渡效果，且自动打开"效果控件"面板，可查看该效果对应的参数。

②编辑过渡效果。

添加过渡效果后，通过"效果控件"面板或"时间轴"面板可修改效果的参数，并通过关键帧动画制作过渡动画。

2. 常用过渡效果详解

过渡效果可以制作多种切换画面的效果。选择时间轴的素材，单击右键执行"效果→过渡"命令，此时在子菜单中可以看见渐变擦除、卡片擦除、光圈擦除、块溶解、百叶窗、线性擦除等过渡效果。

（1）渐变擦除

渐变擦除效果可以利用图片的明亮度来创建擦除效果，使其逐渐过渡到另一个素材中。该特效的参数设置及应用前后效果如图 5-8 所示。

图 5-8　应用渐变擦除的前后效果及参数设置

（2）卡片擦除

卡片擦除效果可以模拟体育场卡片效果进行过渡。该特效的参数设置及应用前后效果如图 5-9 所示。

图 5-9　应用卡片擦除的前后效果及参数设置

续图 5-9

（3）光圈擦除

光圈擦除效果可以通过修改 Alpha 通道执行星形擦除。该特效的参数设置及应用前后效果如图 5-10 所示。

图 5-10　应用光圈擦除的前后效果及参数设置

（4）块溶解

块溶解效果可以使图层在随机块中消失。该特效的参数设置及应用前后效果如图 5-11 所示。

图 5-11　应用块溶解的前后效果及参数设置

续图 5-11

（5）百叶窗

百叶窗效果可以通过修改 Alpha 通道执行定向条纹擦除。该特效的参数设置及应用前后效果如图 5-12 所示。

图 5-12　应用百叶窗的前后效果及参数设置

（6）线性擦除

线性擦除效果可以按照制定的方向对图层进行线性擦除。该特效的参数设置及应用前后效果如图 5-13 所示。

图 5-13　应用线性擦除的前后效果及参数设置

续图 5-13

任务 2 风景秒变水墨画效果——调色效果的应用

 任务描述

通过完成本任务,能够掌握常用调色效果的使用技巧。最终效果如图 5-14 所示。

图 5-14 制作水墨画效果

 任务解析

在本任务中,需要完成以下操作。

●启动 AE,新建项目文件,进入 AE 工作界面。基于素材新建合成,利用"导入"命令将视频、图片素材导入项目面板,使用素材创建合成。

●对素材添加"黑色和白色""亮度 / 对比度""曲线"等调色命令,进行参数设置,实现水墨画效果。

 操作步骤

①启动 AE 新建项目,选择"文件→导入→文件 ..."命令,弹出"导入文件"对话框,选中素材,单击"导入"按钮,将素材导入项目面板中,如图 5-15 所示。

图 5-15 "导入文件"对话框

② 执行菜单"合成→新建合成"命令（快捷键【Ctrl+N】），设置合成名称为"背景视频"，宽为 1920px，高为 1080px，帧速率为 25 帧 / 秒，并设置持续时间为"00:00:10:00"。

③ 将文件"风景 .psd"和"诗词 .psd"拖曳到"时间轴"面板，如图 5-16 所示。

图 5-16 拖曳到"时间轴"面板

④ 在"效果和预设"项目栏中搜索"黑色和白色"效果，如图 5-17 所示。

图 5-17 "黑色和白色"效果

⑤ 将"黑色和白色"效果拖动至风景图层，会让之前的彩色图片变为黑白图片，效果如图 5-18 所示。

图 5-18 添加"黑色和白色"效果后的图片对比

⑥ 在左侧"效果和预设"项目栏中搜索"亮度和对比度"，并将其拖动作用到背景上，适度调整亮度使黑白对比更加明显，将对比度调到100%，适当调整亮度给背景提亮，这里设置亮度为18，如图5-19所示。

图5-19　添加"亮度和对比度"效果

⑦ 在左侧"效果和预设"项目栏中搜索"曲线"，并将其拖动到背景上，在对比度拉满后还是得不到想要达到的效果，可适当调节曲线使画面的对比程度更加明显，如图5-20所示。

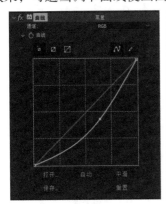

图5-20　调整"曲线"及效果

⑧ 将"泼墨.mp3"拖到时间轴上，如图5-21所示。

图5-21　"时间轴"面板

⑨ 在"效果和控件"中搜索"Keylight（1.2）"，面板如图5-22所示，并使用"Screen Colour"旁的吸取键 吸取泼墨绿色的部分，会形成一种泼墨的效果，效果如图5-23所示。

图5-22　"Keylight（1.2）"效果面板

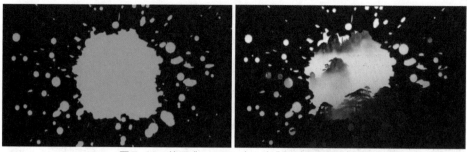

图 5-23　使用"Keylight（1.2）"效果前后对比

⑩ 选中"诗词"图层，添加"曲线"，使泛黄的诗词背景变为白色，效果如图 5-24 所示。

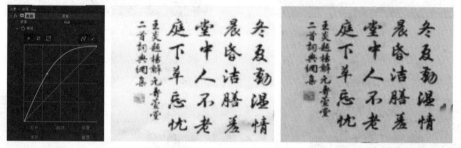

图 5-24　使用"曲线"调整"诗词"背景效果前后对比

⑪ 更改"诗词"图层混合模式为变暗，使"诗词"图片背景变暗，效果如图 5-25 所示。

图 5-25　调整诗词图层混合模式

⑫ 选中"诗词"图层，执行"效果→过渡→渐变擦除"命令，将时间调整到"00：00：02：00"，单击左侧的"码表" ⏱ 按钮将"过渡完成"调整至 100%，再将时间调整到"00：00：03：15"。再次调整"渐变擦除"，将"过渡完成"调整至 0%，数值及效果如图 5-26 所示。

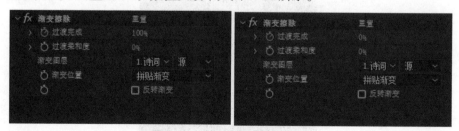

图 5-26　"渐变擦除"数值调整

⑬ 按【Ctrl+M】键，添加到渲染序列，单击"输出模块"右侧，弹出"输出模块设置"窗口，格式选择"H.264"，其他保持默认值，单击"确定"。单击输出到右侧"尚未指定"，弹出"将影片输出到"窗口，选择保存路径，单击"保存"。单击"渲染"按钮，即可输出影片。最终效果如图 5-27 所示。

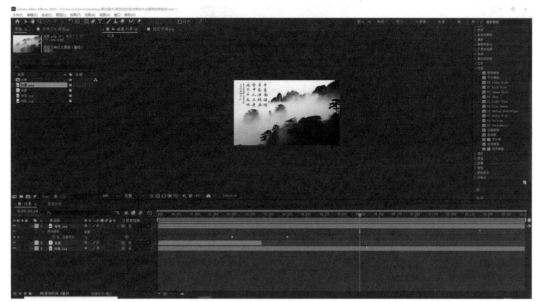

图 5-27　最终效果

5.2　调色效果的应用

1. 调色的基础知识

（1）色彩的基本概念

色彩源于光线，是指光的辐射能刺激人的视网膜而使其通过视觉获得的景象。

（2）色彩的基本属性

色彩有三个基本属性：色相、饱和度和明度。

①色相是色彩的首要特性，是区别各种不同颜色的基本属性。在可见光谱上，人的视觉能感受到红、橙、黄、绿、青、蓝、紫这些不同特征的色彩，这就是所谓的色相。

②饱和度也就是色的纯洁度，也叫彩度。

③明度是颜色相对的明暗程度。

（3）调色的作用与流程

调色是指将特定的色调加以改变，调出所需要的色彩，达到画面效果最佳化，调色在实践中也是非常难以把握的一项技术。

如何调色呢？首先选中要进行调色的视频或者视频中的部分内容，选择菜单"效果→颜色校正"，选定对应效果，调整参数即可。

2. 常见调色命令

"效果→颜色校正"菜单下有 30 余种调色命令，其中比较常用的有"曲线""色阶""色相／饱和度""三色调""通道混合器""阴影／高光""Lumetri 颜色"效果等。

（1）曲线

该特效通过调整曲线的弯曲度等来调整图像的亮区和暗区的分布。该特效的参数设置及应用前后的效果如图 5-28 所示。

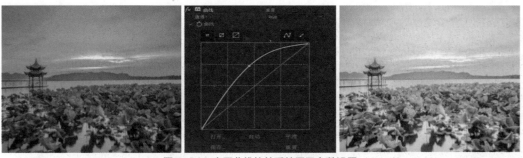

图 5-28　应用曲线的前后效果及参数设置

（2）色阶

该特效可以通过改变输入颜色的级别来获取一个新的颜色范围，以达到修改视频画面亮度和对比度的目的。该特效的参数设置及应用前后的效果如图 5-29 所示。

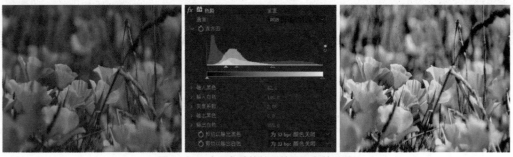

图 5-29　应用色阶的前后效果及参数设置

（3）色相／饱和度

该特效主要用于细致调整图像的色彩，即调整画面中的色调、亮度和饱和度。该特效的参数设置及应用前后的效果如图 5-30 所示。

图 5-30　应用色相／饱和度的前后效果及参数设置

（4）三色调

该特效通过设置阴影、高光以及中间调来调整图像色彩。该特效应用前后的效果及参数设置如图 5-31 所示。

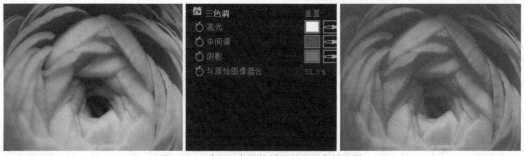

图 5-31　应用三色调的前后效果及参数设置

（5）通道混合器

该特效主要通过修改一个或者多个通道的颜色值来调整图像的色彩。该特效的参数设置及应用前后的效果如图5-32所示。

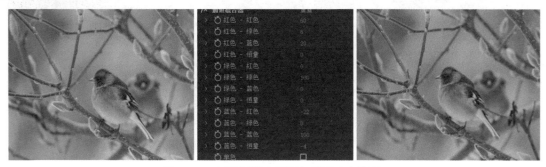

图 5-32　应用通道混合器的前后效果及参数设置

（6）阴影 / 高光

该特效主要用来修正拍摄过程中对阴影区和高光区处理不当的问题。该特效的参数设置及应用前后的效果如图5-33所示。

图 5-33　应用阴影 / 高光的前后效果及参数设置

（7）Lumetri 颜色

该特效是一种强大的、专业的调色效果，其中包含多种参数，可以用具有创意的方式按序列调整颜色、对比度和光照。该特效的参数设置及应用前后的效果如图5-34所示。

图 5-34　应用 Lumetri 颜色的前后效果及参数设置

任务 3　移花接木——键控抠像技术

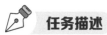 **任务描述**

通过完成本任务，能够掌握常见内置特效动画的制作技巧，最终效果如图5-35所示。

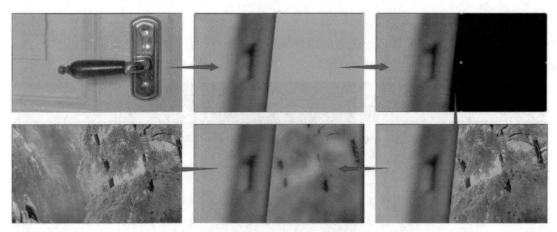

图 5-35 "移花接木"效果图

任务解析

在本任务中，需要完成以下操作。

●启动 AE，新建项目文件，进入 AE 工作界面。基于素材新建合成，利用"导入"命令将视频、图片素材导入项目面板。使用素材创建合成。

●对绿幕素材使用"Keylight(1.2)"特效进行抠像处理。

●对风景素材执行"效果→模糊→复合模糊"命令，制作模糊效果。

操作步骤

① 启动 AE 新建项目，选择"文件→导入→文件…"命令，弹出"导入文件"对话框，如图 5-36 所示，选中所有素材，单击"导入"按钮，将素材导入项目面板中。

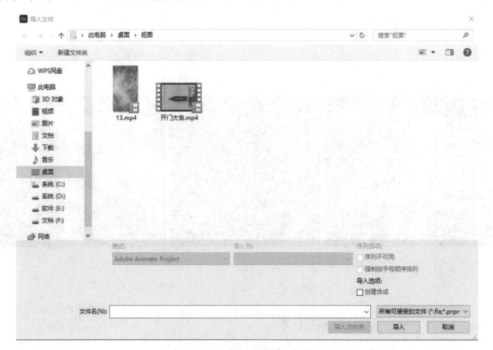

图 5-36 "导入文件"对话框

② 将文件"开门"视频素材拖曳到"新建合成"图标 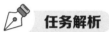 上，点击合成上的 大吉 三条横线修改合成属性，将合成持续时间改为"00:00:10:00"，如图 5-37 所示。

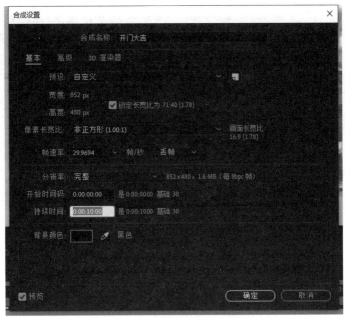

图 5-37　将文件拖入时间轴

③ 选中"风景"图层，点击"效果和预设"，选择"Keylight(1.2)"，面板如图 5-38 所示。

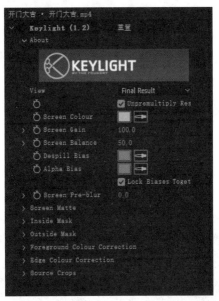

图 5-38　选择"Keylight(1.2)"效果界面

④ 将时间指示器拖动到 00:00:03:16，点击 吸取绿幕颜色，将绿色部分抠除，效果如图 5-39 所示。

图 5-39　"Keylight(1.2)"工具抠图

⑤ 将"风景"素材拖入合成窗口中，设置入点时间为"00:00:03:06"，效果如图 5-40 所示。

图 5-40 将文件拖入时间轴

⑥点击【S】键，将风景素材缩放值设置为 119%，满屏显示，效果如图 5-41 所示。

图 5-41 风景素材设置缩放

⑦选中"开门大吉"素材，将时间指示器拖动到 00:00:05:00，按住【Ctrl+Shift+D】将视频分割为两个图层，选中黑屏图层单击【Delete】键删除图层，效果如图 5-42 所示。

图 5-42 分割图层

⑧选中风景图层，选择"效果→模糊→复合模糊"，将时间指示器拖动到 00:00:03:06，设置"最大模糊"数值为 50，并单击左侧的"码表"按钮，设置关键帧，如图 5-43 所示。

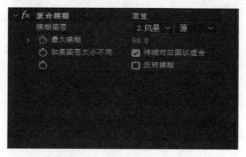

图 5-43 "复合模糊"参数设置

⑨ 将时间指示器拖动到 00:00:04:00，单击左侧的"码表" ⏱ 按钮，将"最大模糊"数值改为 0，参数设置如图 5-44 所示。

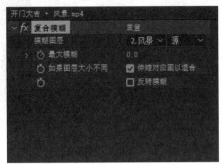

图 5-44 "复合模糊"参数设置

⑩ 按【Ctrl+M】键，添加到渲染序列，单击"输出模块"右侧，弹出"输出模块设置"窗口，格式选择"H.264"，其他保持默认值，单击"确定"。单击输出到右侧"尚未指定"，弹出"将影片输出到"窗口，选择保存路径，单击保存。单击"渲染"按钮，即可输出影片。最终效果如图 5-45 所示。

图 5-45 最终效果

5.3 抠像技术

1. 抠像的作用

抠像也叫键控，它主要用于素材的透明控制。抠像本身包含在"效果和预置"面板中，在实际的视频制作中，应用非常广泛，也特别重要。

2. 常用的抠像命令

常用的抠像效果有颜色差值键控、线性颜色键、Keylight(1.2)、Luma Key(亮度键)、溢出抑制等。

（1）颜色差值键控

该特效可以将图像分成 A、B 两个遮罩，并将其相结合，使画面形成将背景变透明的第 3 种蒙版效果。

该特效的参数设置及应用前后的效果如图 5-46 所示。

图 5-46　应用颜色差值键控的前后效果及参数设置

（2）线性颜色键

该特效可以抠除指定颜色的像素。该特效的参数设置及应用前后的效果如图 5-47 所示。

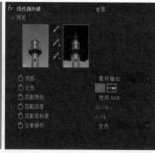

图 5-47　应用线性颜色键的前后效果及参数设置

（3）Keylight(1.2)

Keylight(1.2) 是一款工业级别的蓝幕或绿幕键控器，尤其擅长处理半透明区域、毛发等细微抠像工作，并能精确地控制残留在前景上的蓝幕或绿幕的反光。该特效的参数设置及应用前后的效果如图 5-48 所示。

图 5-48　应用 Keylight(1.2) 的前后效果及参数设置

（4）Luma Key（亮度键）

该特效根据亮度把部分视频图像抠出，可设置为"亮部抠出""暗部抠出"等。该特效的参数设置及应用前后的效果如图 5-49 所示。

图 5-49　应用 Luma Key 的前后效果及参数设置

（5）溢出抑制

溢出抑制是从抠像图层中移除杂色，包括边缘及主体内所染上的环境色。该特效的参数设置及应用前后的效果如图5-50所示。

图5-50　应用溢出抑制的前后效果及参数设置

岗位知识储备——特效制作的基本常识

特效在视觉表现上已经越来越重要，以AE来制作特效可以说是非常有必要的。AE可以完成哪些特效制作呢？

1. 电影特效制作

无论是科幻片还是玄幻古装片，都有大量的特效，比如大家熟知的好莱坞电影《钢铁侠》《绿巨人》《美国队长》等，影片中的光效、魔法冲击波等部分场景都是用AE做出来的。

2. 粒子特效制作

AE也可以做出非常唯美的粒子特效，像粒子星云、放射线粒子效果、动物形状粒子效果等。大家看到的粒子特效大部分都是用AE制作的，而且用AE制作会非常方便，如果对软件熟练，很容易就可以做出来了，所以如果要做粒子特效，AE是设计师的首选。

3. 唯美场景效果制作

除了实景，AE能做出很多唯美的合成视频。像迪士尼电影中大多数的唯美场景，很多的镜头或者非常唯美的空境，也都是用AE制作的。

4. 其他特效制作

AE可以制作很多创意特效，比如宣传片片头、三维特效合成、商业抠图制作等，只要大家能想到的，在AE中基本上都能完成。

AE三维动效有两种实现方法：真3D和假3D。所谓真3D就是使用AE自带的三维渲染算法，利用形状图层在AE中"建模"，做出三维的角色主体，这种方法非常适合制作比较规则的角色。而假3D就是调整AE形状图层的形状路径，来手动模拟不同角度的透视效果，类似于逐帧动画化，这种方法适用于角色类或其他不规则的角色。

➡ 巩固练习

1. 制作"律动小球"创意视频效果，此案例应用"梯度渐变"特效以及"CC Ball Action"特效，效果如图 5-51 所示。

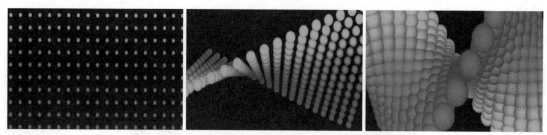

图 5-51 律动小球效果

2. 制作"放射光"光效视频，此案例应用"梯度渐变"特效以及"CC Ball Action"特效，效果如图 5-52 所示。

图 5-52 放射光效果

3. 制作"能量光环"创意视频，此案例应用"分形杂色""极坐标""色相饱和度"以及"发光"特效，效果如图 5-53 所示。

图 5-53 能量光环效果

4. 制作"烟花"粒子特效，此案例应用"CC Particle Systems II"粒子特效，效果如图 5-54 所示。

图 5-54 烟花粒子效果

三维图层增加了 Z 轴，图层中的对象除了可以在 X 轴和 Y 轴方向进行水平和垂直方向的运动，还可以在 Z 轴方向进行景深运动。三维场景能够实现光照、阴影、摄像机的视角，也可以表现出镜头的焦距及景深的变化等。在 After Effects 中主要从三维图层、摄像机、灯光等方面来实现三维合成。三维合成对象为我们提供了更广阔的想象空间，同时也能产生更炫更酷的效果。

 学习目标

1. 知识目标

理解三维视图的概念；

掌握三维图层的属性设置；

理解摄像机的属性；

掌握摄像机控制工具的使用方法；

了解灯光的类型；

掌握灯光效果的设置方法。

2. 能力目标

能通过三维图层属性的设置实现三维空间效果；

能利用摄像机属性建立摄像机动画；

能利用灯光进行场景效果的烘托。

任务 1　品牌设计——三维图层

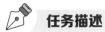 **任务描述**

为企业制作一个生态有机食品的翻页宣传手册，体现绿色生活新理念。通过完成本任务，能够理解三维视图的特点，掌握三维图层属性使用的操作技巧。最终效果如图 6-1 所示。

图 6-1　"品牌设计"制作效果

 任务解析

在本任务中，需要完成以下操作。

●启动 AE，新建项目文件，进入 AE 工作界面。导入相关素材，并打开三维开关。

●制作翻页效果，体会 Z 轴数值大小对图像先后顺序的影响。

●制作"有机品牌"四个文字的三维旋转效果。

 操作步骤

① 启动 AE 新建项目，选择"文件→导入→文件 ..."命令，弹出"导入文件"对话框，选中所有素材，单击"导入"按钮，将素材导入项目面板中。

② 拖曳"背景 .png"素材到"项目"面板底部的"新建合成"按钮上 ，新建"背景"合成。在项目面板中右击"背景"合成，在弹出的快捷菜单中选择"合成设置"，打开"合成设置"对话框，设置合成尺寸为 1920 像素 × 700 像素，像素长宽比为"方形像素"，帧速率为 25 帧 / 秒，持续时间为 15 秒，背景色为黑色。

③ 在"项目"面板中按住【Ctrl】键依次单击"封面 .png""蔬菜 .png""水果 .png""蛋奶 .png""肉类 .png""五谷 .png""封底 .png"素材，并拖曳到"时间轴"面板中"背景"图层上方，如图 6-2 所示。

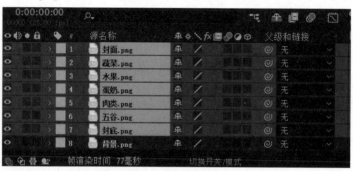

图 6-2　图层排列顺序

④ 当以上 7 个图层全部处于选择状态下时，单击这 7 个图层任意一个图层中的"3D 图层"按钮 ，将图层变为三维图层，如图 6-3 所示。按【A】键，展开"锚点"属性，将"锚点"的 X 数值改为 0，此时 7 张图片的轴心点移到左侧，按住【Shift+P】键，同时展开"位置"属性，将"位置"的 X 数值改为 960，如图 6-4 所示，图片位置如图 6-5 所示。

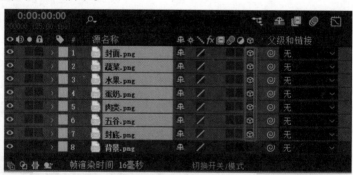

图 6-3　打开 3D 开关

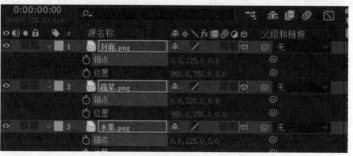

图 6-4　图片的锚点及位置属性

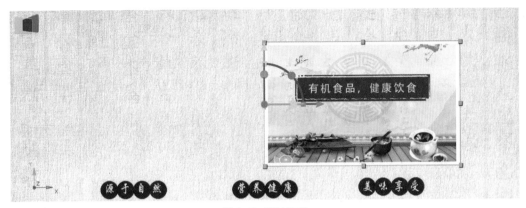

图 6-5　图片位置

⑤ 将时间指针移到第 0 帧处，选择"封面"图层，执行菜单"效果→扭曲→CC Page Turn"命令，展开"CC Page Turn"效果控制面板。更改"Controls"属性为"Classic UI"，启动"Fold Position""Fold Direction""Fold Radius"关键帧，单击"Fold Position"定位位置按钮 ⊕，在界面中单击"封面"图片的右下角，"位置"数值为"743.0，450.0"，"方向"数值为 –60°、"半径"数值为 50，"Render"为"Front & Back Page"，"Back Page"为"封面"图片，如图 6-6 所示，使得图片显示前后页，翻页后显示本身图片的反面。将时间指针移到第 1 秒处，单击"Fold Position"定位位置按钮 ⊕，在界面中单击"封面"图片最左侧中间，"位置"数值为"0.0，225.0"，"方向"数值为 –90°、"半径"数值为 4，如图 6-7 所示。封面翻页后的效果如图 6-8 所示。

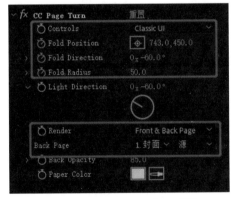

图 6-6　CC Page Turn 属性

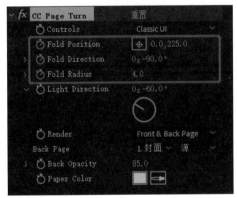

图 6-7　CC Page Turn 属性更改

图 6-8　封面翻页后的效果

⑥ 将时间指针移到第 2 秒处，选择"蔬菜"图层，使用上一步的操作方法在第 2 秒和第 3 秒之间设置翻页效果。我们注意到，"蔬菜"页翻过来后隐藏在"封面"页下方，原因是"封面"图层在"蔬菜"图层之上。为了解决这个问题，我们需要使"蔬菜"图层"位置"的 Z 值比前一图层小。将时间指针移到第

2 秒 1 帧处，展开"变换"属性，启动"位置"关键帧，将时间指针移到第 2 秒 10 帧处，更改"位置"Z 值为 –0.1。

⑦ 将时间指针移到第 4 秒处，选择"水果"图层，使用相同的操作方法在第 4 秒和第 5 秒之间设置翻页效果。将时间指针移到第 4 秒 1 帧处，展开"变换"属性，启动"位置"关键帧，将时间指针移到第 4 秒 10 帧处，更改"位置"Z 值为 –0.2。

⑧ 将时间指针移到第 6 秒处，选择"蛋奶"图层，使用相同的操作方法在第 6 秒和第 7 秒之间设置翻页效果。将时间指针移到第 6 秒 1 帧处，展开"变换"属性，启动"位置"关键帧，将时间指针移到第 6 秒 10 帧处，更改"位置"Z 值为 –0.3。

⑨ 将时间指针移到第 8 秒处，选择"肉类"图层，使用相同的操作方法在第 8 秒和第 9 秒之间设置翻页效果。将时间指针移到第 8 秒 1 帧处，展开"变换"属性，启动"位置"关键帧，将时间指针移到第 8 秒 10 帧处，更改"位置"Z 值为 –0.4。

⑩ 将时间指针移到第 10 秒处，选择"五谷"图层，使用相同的操作方法在第 10 秒和第 11 秒之间设置翻页效果。将时间指针移到第 10 秒 1 帧处，展开"变换"属性，启动"位置"关键帧，将时间指针移到第 10 秒 10 帧处，更改"位置"Z 值为 –0.5。"封底"图层不再做翻页效果，最终翻页后的效果如图 6-9 所示。

图 6-9　翻页后的效果

⑪ 在"项目"面板中按住【Ctrl】键依次单击"有 .png""机 .png""品 .png""牌 .png"素材，并拖曳到"时间轴"面板中"封面"图层上方，单击 4 个图层中任意一个图层中的"3D 图层"按钮 ⊘，将图层变为三维图层。分别更改它们的入点为 11 秒、11 秒 15 帧、12 秒 5 帧、12 秒 20 帧，"位置"数值分别为"120.0，235.0，0.0""120.0，470.0，0.0""1800.0，235.0，0.0""1800.0，470.0，0.0"，文字位置如图 6-10 所示。

图 6-10　文字位置

⑫ 将时间指针移到第 11 秒处，选择"有"图层，展开"变换"属性，启动"X 轴旋转"关键帧，将时间指针移到第 11 秒 10 帧处，更改"X 轴旋转"数值为 360°，如图 6-11 所示。

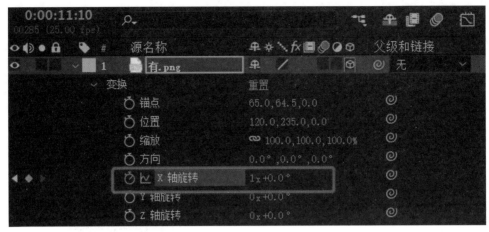

图 6-11　"X 轴旋转"设置

⑬ 将时间指针移到第 11 秒 15 帧处，选择"机"图层，展开"变换"属性，启动"Y 轴旋转"关键帧，将时间指针移到第 12 秒处，更改"Y 轴旋转"数值为 360°。

⑭ 将时间指针移到第 12 秒 5 帧处，选择"品"图层，展开"变换"属性，启动"Z 轴旋转"关键帧，将时间指针移到第 12 秒 15 帧处，更改"X 轴旋转"数值为 360°。

⑮ 将时间指针移到第 12 秒 20 帧处，选择"牌"图层，展开"变换"属性，启动"X 轴旋转"关键帧、"Y 轴旋转"关键帧和"Z 轴旋转"关键帧，将时间指针移到第 14 秒处，更改"X 轴旋转"关键帧、"Y 轴旋转"关键帧和"Z 轴旋转"关键帧数值均为 360°，如图 6-12 所示。

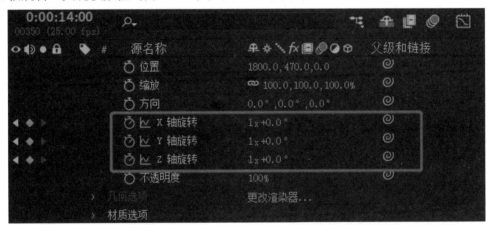

图 6-12　旋转设置

⑯ 预览制作的动画效果，最终效果如图 6-1 所示，最后进行渲染输出。

6.1 三维空间与三维图层

1. 三维视图

（1）认识视图

将人的视线规定为平行投影线，然后正对着物体看过去，将所见物体的轮廓用正投影法绘制出来的图形称为视图。一个物体有六个视图。

主视图：从物体的前面向后面投射所得的视图，它能反映物体的正面形状。

俯视图：从物体的上面向下面投射所得的视图，它能反映物体的顶面形状。

左视图：从物体的左面向右面投射所得的视图，它能反映物体的左面形状。

仰视图：从物体的下面向上面投射所得的视图，它能反映物体的底面形状。

后视图：从物体的后面向前面投射所得的视图，它能反映物体的背面形状。

右视图：从物体的右面向左面投射所得的视图，它能反映物体的右面形状。

我们通常所说的三视图就是主视图、俯视图、左视图的总称。

（2）三维视图的概念

三维视图是在三维空间中从不同视点方向上观察到的三维模型的投影，可以通过不同指定视点得到三维视图。

（3）AE 中的四种三维视图

在 AE 合成窗口中，单击窗口底部的"3D 视图弹出式菜单"按钮 活动摄像机... ，可以进行视图的切换，以便从需要的角度观察图像，如图 6-13 所示。

活动摄像机：活动摄像机视图呈现的是合成的最终显示效果，如果合成中没有三维图层，则只显示活动摄像机视图，默认从正面观察 3D 对象。如果合成中的对象开启了三维图层开关，或创建了摄像机图层、灯光图层，则图 6-14 所示的视图都可选择。如果合成中启用了一个或多个摄像机图层，则活动摄像机视图总是代表最上层有效摄像机的视角。

摄像机：如果合成中有一到多个摄像机图层，则"3D 视图弹出式菜单"中将增加多个"摄像机"视图。

正交视图：3D 对象被正投影到不同的平面上，从而形成了各种二维的正交视图，主要包括正面、左面、顶面、背面、右面和底面，从六个不同角度观察三维空间中的图像。

自定义视图：包括自定义视图 1、自定义视图 2 和自定义视图 3，可以从几个特殊的角度来观察合成中各个图层之间的三维空间关系。

为了综合观察对象，可以单击合成窗口右下角的"选择视图布局"按钮 1个... ，用 1 ~ 4 个视图来显示，如图 6-15 所示。

图 6-13　3D 视图弹出式菜单

图 6-14　有摄像机图层菜单

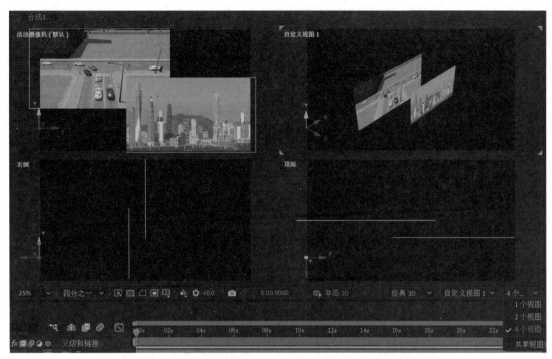

图 6-15 4 个视图的显示效果

（4）三维图层的属性

当一个二维图层开启 3D 开关后，合成窗口的坐标系将由二维转换为三维，包括 X 轴、Y 轴和 Z 轴。其中 X 轴（红色）表示水平方向、Y 轴（绿色）表示垂直方向、Z 轴（蓝色）表示纵深方向。三维图层属性中将增加"几何选项""材质选项"属性，同时，"变换"属性中也会增加"X 轴旋转""Y 轴旋转"和"Z 轴旋转"，"锚点""位置""缩放"和"方向"属性中也增加了 Z 轴数值，如图 6-16 所示。

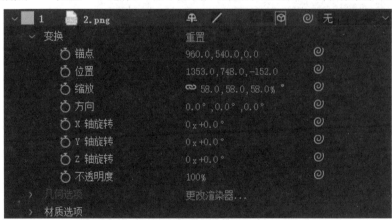

图 6-16 三维图层属性

2. 三维图层的"材质选项"属性

"材质选项"属性指定图层与光照和阴影交互的方式。只有 3D 图层才可与阴影、光照和摄像机进行交互，如图 6-17 所示。

"投影"：表示当有灯光照射该对象时是否出现投影效果，可以在"开"投影、"关"投影和"仅"投影之间切换。值得注意的是，如果要有投影效果，需要该对象离开投影墙一段距离，可以在"顶部"视图下调整它们之间的前后关系。

"透光率"：用来定义对象的透光程度，主要体现在投影效果上，数值越大，则投影颜色越浅，半透明效果越明显。

"接受阴影"：用来定义该图层是否承接其他图层的阴影，如图 6-18 所示，要想实现文字投影效果，需要在文字图层打开"投影"，在背景图层打开"接受阴影"。

"接受灯光"：定义该图层是否接受灯光的照射。

"环境"：用来设置三维图层受环境灯光影响的程度，前提是该合成中的灯光类型是"环境"，如图 6-19 所示。

"漫射"：可影响对象的明暗程度。

"镜面强度"：数值越大，光照亮度越亮。

"镜面反光度"：数值越小，图像越亮。

"金属质感"：数值大小影响对象的金属质感程度。

图 6-17 "材质选项"属性

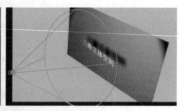

图 6-18 阴影效果设置

图 6-19 "环境"属性

任务 2 法治中国——摄像机动画

 任务描述

制作一个"法治中国"片头，展现"有法可依、有法必依、执法必严、违法必究"的信心，通过摄像机动画来展现镜头的移动效果，效果如图 6-20 所示。

图6-20　"法治中国"制作效果

 任务解析

在本任务中，需要完成以下操作。

● 启动 AE，新建项目文件，进入 AE 工作界面，导入素材。

● 新建摄像机，通过摄像机的推拉摇移表现城市的局部及全貌。

● 制作四幅图片墙的摄像机动画效果。

● 制作"法治中国"标题显示片尾，制作最终效果。

 操作步骤

① 启动 AE 新建项目，选择"文件→导入→文件…"命令，弹出"导入文件"对话框，选中所有素材，单击"导入"按钮，将素材导入项目面板中。

② 单击"项目"面板底部的"新建合成"按钮 ，设置合成尺寸为1920 像素 × 1080 像素，像素长宽比为"方形像素"，帧速率为25 帧 / 秒，持续时间为30 秒，背景色为黑色，新建"合成 1"。

③ 拖曳"城市 .png"素材到"时间轴"面板，打开三维开关 。在"时间轴"面板空白处右击，在弹出的快捷菜单中选择"新建→摄像机"命令，打开"摄像机设置"对话框，其中"预设"选择35 毫米，新建"摄像机 1"，如图6-21、图6-22 所示。将时间指针移到第6 秒15 帧处，调整"城市"图层和"摄像机 1"图层的结束点到此处，按住【Alt】键滑动鼠标中间滑轮可调节时间轴显示比例的大小，精确定位拖放的位置。

图6-21　新建摄像机

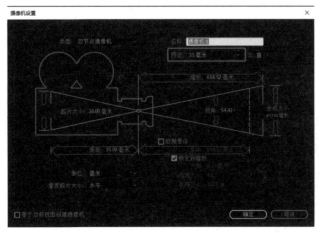

图6-22　"摄像机设置"对话框

④ 将时间指针移到第 0 帧处，在合成窗口中单击"视图切换"按钮 活动摄像机... ∨ ，选择"自定义视图 2"。展开"摄像机 1"的"变换"属性，启动"目标点""位置"关键帧，设置"目标点"数值为"1750.0，690.0，620.0"，"位置"数值为"1110.0，520.0，–500.0"，摄像机起点效果如图 6–23 所示。进入"顶部"视图，展开"摄像机 1"的"摄像机选项"属性，设置"景深"为"开"，"光圈"数值为 30，"模糊层次"数值为 200%。启动"焦距"关键帧，调整"焦距"数值，使得焦距线位置在图片中间，数值为 600，如图 6–24 所示，使得大楼中心清晰，其他较远位置模糊。时间轴参数如图 6–25 所示。

图 6-23 "自定义视图 2"摄像机效果

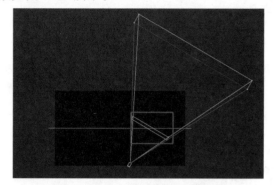

图 6-24 "顶部"视图焦距线位置

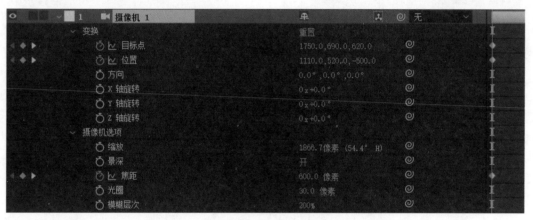

图 6-25 时间轴参数

⑤ 将时间指针移到第 5 秒处，切换到"自定义视图 2"视图，调整摄像机的目标点及位置，设置"目标点"数值为"930.0，615.0，610.0"，"位置"数值为"950.0，–18.0，–1760.0"，如图 6–26 所示。切换到"顶部"视图，调整"焦距"数值，使得焦距线位置与图片有一定距离，数值为 1100 像素，如图 6–27 所示，使得远景模糊。切换到"活动摄像机"视图，可以查看 0 帧到 5 秒摄像机推拉摇移及模糊变化的动画效果。调整后的时间轴参数如图 6–28 所示。

图 6-26 "自定义视图 2"摄像机效果

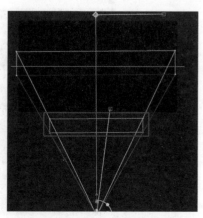

图 6-27 "顶部"视图焦距线位置

图 6-28　调整后的时间轴参数

⑥ 将时间指针移到第 0 秒处，拖曳"红绸 1.mov"素材到"时间轴"面板"摄像机 1"图层的上方，设置结束点到第 6 秒 15 帧处。在合成窗口中调整视频位置到图片的下方。将时间指针移到第 0 秒处，拖曳"爆破粒子 .mov"素材到"时间轴"面板"红绸 1"图层的上方，模式为"屏幕"。按住【Ctrl+D】键复制"爆破粒子"图层，在"时间轴"面板中向后拖动，使得起点为 3 秒，如图 6-29、图 6-30 所示。

图 6-29　图层顺序

图 6-30　视觉效果

⑦ 单击"项目"面板底部的"新建合成"按钮 ，设置合成尺寸为 1920 像素 × 1080 像素，像素长宽比为"方形像素"，帧速率为 25 帧 / 秒，持续时间为 24 秒，背景色为黑色，新建"合成 2"。

⑧ 拖曳"天空 .mp4""红色丝绸 .mp4""金色粒子 .mp4"素材到"时间轴"面板最上方，如图 6-31 所示。"金色粒子"图层模式为"屏幕"。选择"红色丝绸"图层，选择"效果→抠像→线性颜色键"命令，在"线性颜色键"面板中选择"主色"右侧的吸管 ，在合成窗口中吸取图像上的黑色，图像上的黑色全部消失，如图 6-32 所示。

图 6-31 图层排列

图 6-32 "天空丝绸"视觉效果

⑨ 拖曳"有法可依 .png""有法必依 .png""执法必严 .png""违法必究 .png"素材到"时间轴"面板最上方，开启三维图层，如图 6-33 所示。切换到"顶部"视图，调整四个图像的位置，数值依次是"2284.0，580.0，−248.0""340.0，636.0，−1000.0""−1352.0，540.0，444.0""−2168.0，540.0，1448.0"，如图 6-34 所示。

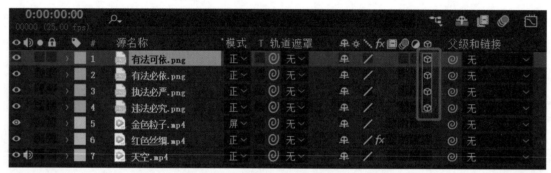

图 6-33 开启三维图层

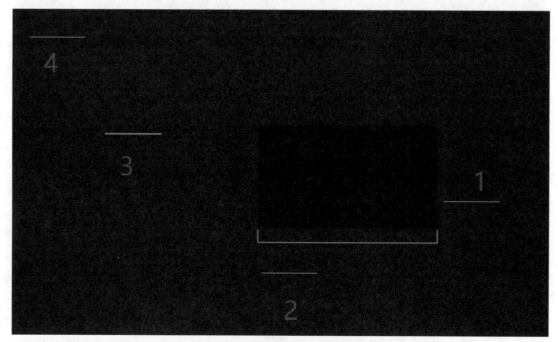

图 6-34 顶部视图下图像位置

⑩ 在"时间轴"面板空白处右击，在弹出的快捷菜单中选择"新建→摄像机"命令，打开"摄像机设置"对话框，其中"预设"选择 35 毫米，新建"摄像机 2"。

⑪ 将时间指针移到第 0 帧处，选择"摄像机 2"图层，展开"变化"属性，启动"目标点""位置"关键帧。选择工具栏中的"向光标方向推拉镜头工具"按钮 ，按住鼠标的左键进行拖动，如图 6-35 所

示。再选择工具栏中的"在光标下移动工具"按钮 ，按住鼠标的左键向右和向上拖动，如图 6-36 所示。再选择工具栏中的"绕光标旋转工具"按钮 ，将光标移动到"有法可依"图像的左边缘中间位置，按住鼠标的左键拖动，实现如图 6-37 所示的图像旋转效果。将时间指针移到第 2 秒处，选择工具栏中的"在光标下移动工具"按钮 ，按住鼠标的左键向左侧拖动到界面中央。选择工具栏中的"绕光标旋转工具"按钮 ，将图像旋转成正面。选择工具栏中的"向光标方向推拉镜头工具"按钮 ，按住鼠标的左键拖动，放大图像，如图 6-38 所示。

图 6-35　使用推拉镜头工具后的效果

图 6-36　使用移动工具后的效果

图 6-37　使用旋转工具后的效果

图 6-38　视觉效果 1

⑫ 将时间指针移到第 6 秒处，综合使用工具栏中的"向光标方向推拉镜头工具"按钮 、"在光标下移动工具"按钮 及"绕光标旋转工具"按钮 进行操作，实现如图 6-39 所示的效果。将时间指针移到第 6 秒 10 帧处，单击时间轴左侧的"添加关键帧"按钮 添加关键帧。将时间指针移到第 10 秒 10 帧处，用同样的方法，使用工具栏中的"向光标方向推拉镜头工具"按钮 、"在光标下移动工具"按钮 及"绕光标旋转工具"按钮 进行操作，实现如图 6-40 所示的效果。

图 6-39　视觉效果 2

图 6-40　视觉效果 3

⑬ 将时间指针移到第 10 秒 20 帧处，添加关键帧。将时间指针移到第 14 秒 20 帧处，使用同样的方法，使用工具栏中的"向光标方向推拉镜头工具"按钮 、"在光标下移动工具"按钮 及"绕光标旋转工具"按钮 进行操作，实现如图 6-41 所示的效果。将时间指针移到第 15 秒 05 帧处，添加关键帧。将时间指针移到第 17 秒处，使用同样的方法调整摄像机，显示四幅图像，如图 6-42 所示。

图 6-41　视觉效果 4

图 6-42　视觉效果 5

⑭ 拖曳"法治中国标题 .png"素材到"时间轴"面板最上方，在"时间轴"面板上，调整该素材的起始点为第 17 秒处，启动该图层的"缩放"关键帧。将时间指针移到第 19 秒处，设置"缩放"数值为 200%，如图 6-43 所示。

图 6-43　标题效果

⑮ 拖曳"发光粒子 .mp4"素材到"时间轴"面板最上方，在"时间轴"面板上设置为"屏幕"模式，并调整该素材的起始点为第 17 秒处，如图 6-44 所示。

图 6-44　视觉效果 6

⑯ 返回到"合成 1"，将"合成 2"拖曳到"时间轴"面板上，设置起始点为第 6 秒 15 帧。将"背景音乐 .wav"拖曳到"时间轴"面板上，如图 6-45 所示。

图6-45 图层排列

⑰ 进行渲染输出。

6.2 摄像机

1. 摄像机的基本参数

在"时间轴"面板空白处单击鼠标右键，在弹出的快捷菜单中选择"新建→摄像机"命令（也可单击菜单命令"图层→新建→摄像机"，还可以按组合键【Ctrl+Alt+Shift+C】），打开"摄像机设置"对话框。

（1）预设中的镜头类型

15～20mm 镜头：广角镜头（短焦镜头），焦距短，拍摄范围广，能够产生透视效果。

24～50mm 镜头：标准镜头，符合人眼所看到的画面，基本没有大的透视关系。一般常用的是 35mm 镜头。

80～200mm 镜头：鱼眼镜头（长焦镜头），视野范围小，几乎没有透视摄像机预设效果，起到虚化背景、突出主体的作用。

摄像机预设如图 6-46 所示。

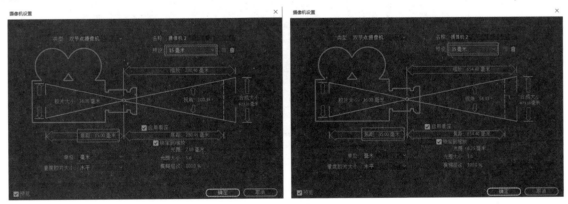

图6-46 摄像机预设

（2）摄像机的类型

在"摄像机设置"对话框中，"类型"主要有"单节点摄像机"和"双节点摄像机"。其中，"双节点摄像机"对摄像机的操作相对灵活，它比"单节点摄像机"增加了"目标点"属性。一般来说，"双节点摄像机"比较常用。

（3）焦距

焦距是摄像机的焦点长度。在"摄像机设置"对话框中，"预设"的变化会影响摄像机"焦距"的数值变化及"景深"属性中的参数变化。

（4）视角

视角指的是视野角度。在"摄像机设置"对话框中，"视角"控制可视范围的大小，"视角"数值越小，焦距越长。

（5）缩放

缩放是镜头到拍摄物体的距离。在"摄像机设置"对话框中，"缩放"值越大，焦距越大，摄像机离物体越远。

2. 景深

所谓景深，就是焦点前后可以看清楚的区域，我们可以理解为在焦点前后，能够辨认清晰影像的范围。景深小（景深越浅）的效果是突出主体、虚化背景。反之，景深大（景深越深）能实现从近景到远景都清晰的效果。

景深的大小受光圈大小、镜头焦距长短及拍摄距离（物距）远近的制约。光圈大小、镜头焦距、拍摄距离三者对景深的影响可以简要概述如下：光圈越大，景深越浅，反之越深；镜头焦距越长，景深越浅，反之越深；拍摄距离越近，景深越浅，反之越深。可以通过"摄像机选项"属性来更改这些参数，实现需要的景深效果。

3. 摄像机动画

通过更改摄像机属性可以实现摄像机动画效果，一般来说，可以通过以下几种方式设置摄像机动画。

（1）"变换"属性

摄像机具有目标点、位置、方向、旋转等属性，可以通过调节这些属性，设置摄像机动画效果。其中，目标点参数可以确定镜头的观察方向，位置用来确定摄像机所在的位置，目标点与位置相连构成摄像机的视线方向，如图 6-47 所示。

图 6-47　摄像机"变换"属性

（2）"摄像机选项"属性

通过更改"摄像机选项"参数，比如焦距的变化可以实现景深变化的动画效果，如图 6-48 所示。

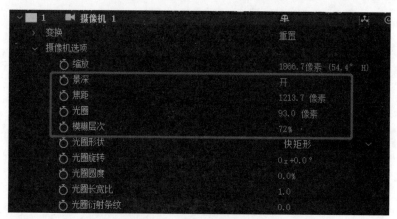

图 6-48　"摄像机选项"属性

（3）摄像机视图控制工具

当添加了摄像机后，可以通过工具栏中的摄像机视图控制工具来调整摄像机的方位，从而实现一定的动画效果，在进行操作前，需要在"变换"属性中开启目标点及位置关键帧。

●摄像机旋转工具组：选择该工具，按住鼠标左键可以旋转摄像机视图，如图 6-49 所示。：以当前光标所在位置为中心点进行旋转。：以当前合成窗口的中心点来进行旋转。：以相机中心点来进行旋转。

●摄像机移动工具组：使用该工具组，可以上下左右移动摄像机视图，如图 6-50 所示。

●摄像机推拉工具组：使用该工具组，可以进行镜头的推拉，实现远近的变化，如图 6-51 所示。

🌀 绕光标旋转工具 ↻ 绕场景旋转工具 📷 绕相机信息点旋转	✛ 在光标下移动工具 ✛ 平移摄像机 POI 工具	↕ 向光标方向推拉镜头工具 ↕ 推拉至光标工具 ↕ 推拉至摄像机 POI 工具
图 6-49　摄像机旋转工具组	图 6-50　摄像机移动工具组	图 6-51　摄像机推拉工具组

任务 3　科技创新——三维灯光的使用

 任务描述

制作一个科技创新宣传片，展现国家的科学进步，通过三维灯光来表现光线的变幻效果，效果如图 6-52 所示。

图 6-52　"科技创新"效果图

 任务解析

在本任务中，需要完成以下操作。

●启动 AE，新建项目文件，进入 AE 工作界面，导入素材。

●新建合成，制作五幅图片从左向右移动的效果。

●通过摄像机动画实现图片镜头的推拉摇移效果。

●新建合成，制作地面。添加"聚光灯"，实现灯光达到摄像机动画并显示投影效果，制作最终效果。

 操作步骤

①启动 AE 新建项目，选择"文件→导入 →文件 ..."命令，弹出"导入文件"对话框，选中所有素材，单击"导入"按钮，将素材导入项目面板中。

② 单击"项目"面板底部的"新建合成"按钮，设置合成尺寸为 1920 像素 ×1080 像素，像素长宽比为"方形像素"，帧速率为 25 帧 / 秒，持续时间为 25 秒，背景色为黑色，新建"合成 1"。

③ 拖曳"通信 .png""航天 .png""交通 .png""人工智能 .png""生物 .png"素材到"时间轴"面板，打开三维开关，如图 6-53 所示。在"时间轴"面板空白处右击，在弹出的快捷菜单中选择"新建→摄像机"命令，打开"摄像机设置"对话框，其中"预设"选择 35 毫米，新建"摄像机 1"。选中 5 个图像图层，在合成窗口中拖动到左侧，如图 6-54 所示。

图 6-53　图层排列顺序

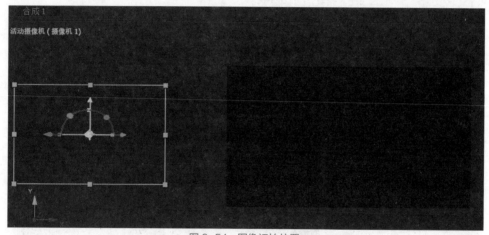

图 6-54　图像初始位置

④ 将时间指针移到第 0 帧处，选择"通信"图层，展开"变换"属性，启动"位置"关键帧，将时间指针移到第 1 秒处，调整"位置"的 X 轴数值，使得图片位于合成窗口的正中间，如图 6-55 所示。将时间指针移到第 4 秒处，单击"位置"左侧的"添加关键帧"按钮，将时间指针移到第 5 秒处，调整"位置"的 X 轴数值，使得图片位于合成窗口外右侧，如图 6-56 所示。

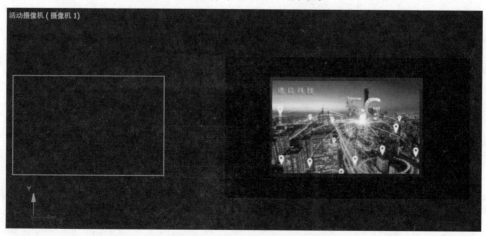

图 6-55　图像中间位置

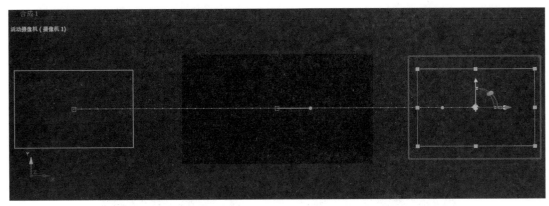

图 6-56　图像最后位置

⑤ 在时间轴面板中鼠标拖动框选"通信"图层中"变化"属性的 4 个关键帧，按住【Ctrl+C】键，复制这些关键帧的数值，将时间指针移到第 5 秒处，选择"航天"图层，按住【Ctrl+V】键，粘贴关键帧的数值，实现该图层从第 5 秒到第 10 秒具有上面图层相同的运动效果，如图 6-57 所示。

图 6-57　"航天"图层时间轴面板属性

⑥ 使用相同的方法，将时间指针移到第 10 秒处，选择"交通"图层，按住【Ctrl+V】键，粘贴关键帧的数值，实现该图层从第 10 秒到第 15 秒具有上面图层相同的运动效果，如图 6-58 所示。将时间指针移到第 15 秒处，选择"人工智能"图层，按住【Ctrl+V】键，粘贴关键帧的数值，实现该图层从第 15 秒到第 20 秒具有上面图层相同的运动效果，如图 6-59 所示。将时间指针移到第 20 秒处，选择"生物"图层，按住【Ctrl+V】键，粘贴关键帧的数值，实现该图层从第 20 秒到第 25 秒具有上面图层相同的运动效果，如图 6-60 所示。

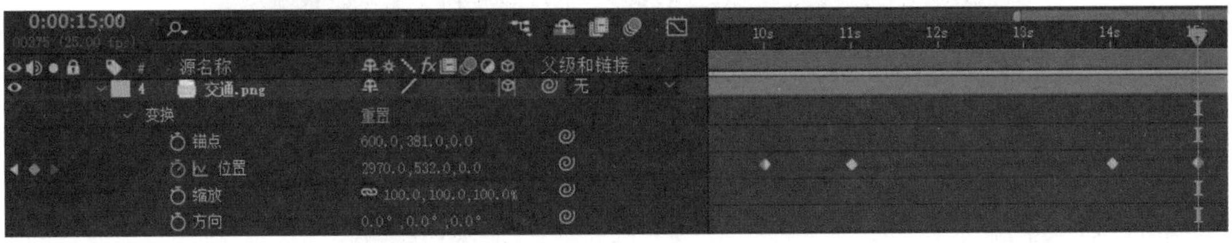

图 6-58　"交通"图层时间轴面板属性

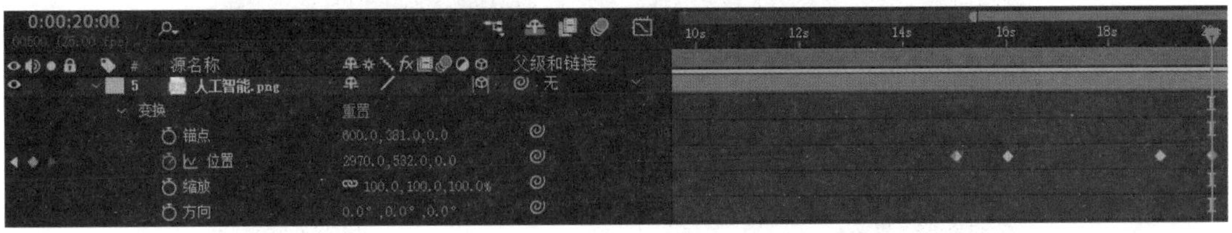

图 6-59　"人工智能"图层时间轴面板属性

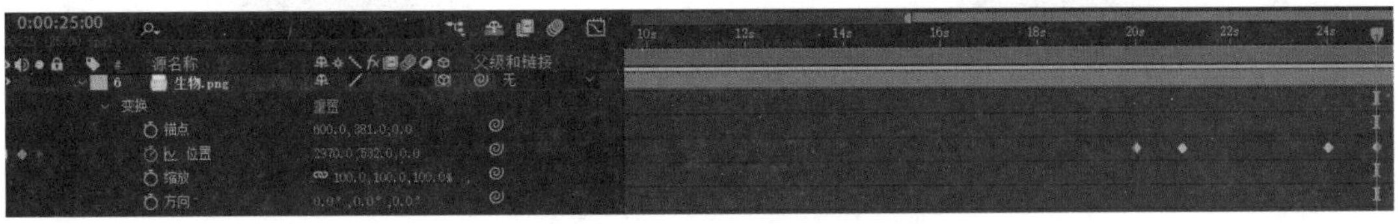

图 6-60　"生物"图层时间轴面板属性

⑦ 选择"摄像机1"图层，将时间指针移到第1秒处，展开"变换"属性，启动"目标点"和"位置"关键帧。将时间指针移到第4秒处，单击"工具栏"中的"绕场景旋转工具"按钮 ，在合成窗口的图像上拖动旋转，如图6-61所示。

图6-61　图像旋转效果1

⑧ 将时间指针移到第6秒处，单击"目标点"和"位置"左侧的"添加关键帧"按钮 ，将时间指针移到第9秒处，单击"工具栏"中的"绕场景旋转工具"按钮 ，在合成窗口的图像上拖动旋转，如图6-62所示。

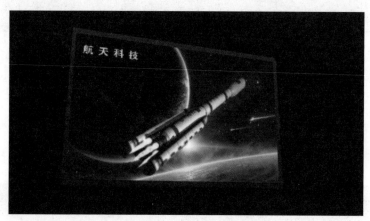

图6-62　图像旋转效果2

⑨ 将时间指针移到第11秒处，单击"目标点"和"位置"左侧的"添加关键帧"按钮 ，将时间指针移到第14秒处，单击"工具栏"中的"绕场景旋转工具"按钮 ，在合成窗口的图像上拖动旋转，如图6-63所示。

图6-63　图像旋转效果3

⑩ 将时间指针移到第 16 秒处，单击"目标点"和"位置"左侧的"添加关键帧"按钮◀◆▶，将时间指针移到第 19 秒处，单击"工具栏"中的"绕场景旋转工具"按钮，在合成窗口的图像上拖动旋转，如图 6-64 所示。

图 6-64 图像旋转效果 4

⑪ 将时间指针移到第 21 秒处，单击"目标点"和"位置"左侧的"添加关键帧"按钮◀◆▶，将时间指针移到第 24 秒处，单击"工具栏"中的"绕场景旋转工具"按钮，在合成窗口的图像上拖动旋转，如图 6-65 所示。

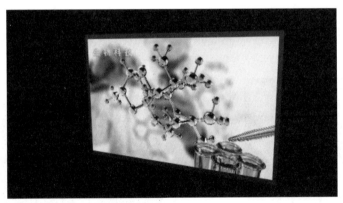

图 6-65 图像旋转效果 5

⑫ 单击"项目"面板底部的"新建合成"按钮上，设置合成尺寸为 1920 像素 × 1080 像素，像素长宽比为"方形像素"，帧速率为 25 帧/秒，持续时间为 25 秒，背景色为黑色，新建"总合成"。

⑬ 拖曳"音乐.mp3""背景.png""合成1"素材到"时间轴"面板。在"时间轴"面板空白处右击，在弹出的快捷菜单中选择"新建→纯色"命令，"名称"为"地面"，"宽度"数值为 4500，"高度"数值为 2300，"颜色"为灰色（#B5B5B5）。将"地面"图层拖动到"合成1"图层的下方，并打开"地面"图层的三维开关。展开"地面"图层的"变化"属性，设置"X 轴旋转"数值为 -90°，向下拖动，作为地面，如图 6-66、图 6-67 所示。

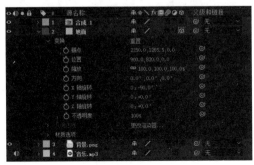

图 6-66 "地面"属性

图 6-67 "地面"效果

⑭ 在"时间轴"面板空白处右击,在弹出的快捷菜单中选择"新建→灯光"命令,"名称"为"聚光1","灯光类型"为"聚光","强度"数值为150%,"颜色"为白色,"锥形角度"为100°,"锥形羽化"为50%,勾选"投影","阴影深度"为85%,"阴影扩散"为50像素,如图6-68、图6-69所示。

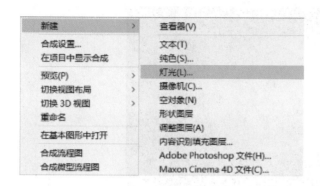

图6-68 "灯光"命令   图6-69 "灯光"参数

⑮ 打开"合成1"三维开关,展开"材质选项"属性,打开"投影"开关,如图6-70所示。调整"聚光灯"的"目标点""位置"及"方向",如图6-71所示。灯光效果如图6-72、图6-73所示。

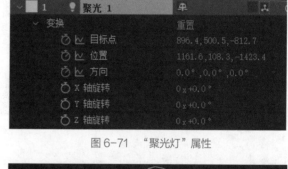

图6-70 "合成1"开启"投影"   图6-71 "聚光灯"属性

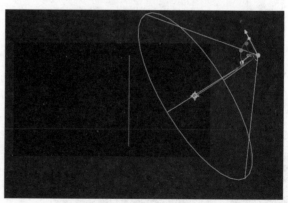

图6-72 "活动摄像机视图"灯光   图6-73 "左视图"灯光

⑯ 进行渲染输出。

6.3 灯光

1. 建立灯光

建立灯光的方法与创建摄像机相似，可以在"时间轴"面板空白处单击鼠标右键，在弹出的快捷菜单中选择"新建→灯光"命令（也可单击菜单命令"图层→新建→灯光"，还可以按组合键【Ctrl+Alt+Shift+L】），打开"灯光设置"对话框，可以设置灯光的类型、颜色、强度、锥形角度、锥形羽化、衰减、投影、阴影深度及阴影扩散，如图 6-74 所示。单击"确定"按钮建立灯光，只有设置为三维图层的对象才能应用灯光效果。

图 6-74　"灯光设置"对话框

2. 灯光的类型

平行光（Paralle）：平行光就像一条直着照射的光线，类似于来自太阳等光源的光线，有方向且可投影，光照范围无限。但如果设置了衰减，光照范围也会受限。被照射物体产生的阴影没有模糊效果。

聚光（Spot）：它就是一个圆锥形的照射，从受锥形物约束的光源发出的光线，类似剧场中使用的聚光灯，有方向且可投影，光照范围可调。被照射物体产生的阴影有模糊效果。

点光（Point）：点光相当于一个发光源，从一个点向四面八方照射。被照射物体与光源的距离不同，受到的光照强度便不同，距离近就更亮一些，距离远就会变暗一些。它是从一个点发出的无约束的全向光，无方向、可投影，被照射物体产生的阴影有模糊效果。

环境光（Ambient）：环境光是能够照亮场景中所有对象的光，没有光源显示、无方向、无投影，可以提高场景的整体亮度。

四种灯光类型中，环境光不能使物体产生阴影，平行光产生阴影但没有模糊效果，平行光与聚光是定向光，变换属性中有目标点属性。聚光灯还有方向和旋转属性。

各类灯光效果如图 6-75 ～图 6-79 所示。

图 6-75　原图

图 6-76　平行光

图 6-77　聚光

图 6-78　点光

图 6-79　环境光

3. 灯光参数

强度：光源的亮度。数值越大，光照越大。负值可产生吸光效果，即降低场景中其他光源的光照强度。

颜色：灯光的颜色，默认为白色。

锥形角度：控制聚光灯的照射范围。角度越大，照射范围越广。

锥形羽化：控制聚光灯照射区域的边缘柔化程度，数值越大，边缘越柔和，过渡越柔和。

衰减：控制光照的强度如何随距离的增加而减少（环境光无衰减选项）。衰减包括三个选项，其中"无"是即便距离增加，光照强度也不减弱；"平滑"可实现平滑的光照衰减；"反向正方形已固定"则是基于平方反比定律的模拟真实的衰减方式。

半径：启用"衰减"后，此项用于控制光线照射的范围。半径之内，光照强度不变。半径之外，光照强度开始衰减。

衰减距离：启用"衰减"后，此项用于控制光线照射的距离。该值为 0 时，边缘不产生柔和效果。半径和衰减距离的组合，可控制光照能达到的位置。

投影：指定光源是否可以产生投影。要想产生投影效果，需要打开灯光的投影属性，还需要打开被照对象层的投影选项。

阴影深度：控制阴影的浓淡程度。

阴影扩散：控制阴影的模糊程度。

4. 投影

阴影仅从启用了"投影"的图层投射到启用了"接受投影"的图层。也就是说，有三个要素决定着是否有投影。

光源：除环境光之外，其他类型的灯光要在灯光设置中勾选"投影"之后，才能产生投影。若不勾选，平行光、聚光灯、点光也是"无影灯"。

被照射的物体：被灯光照射的三维图层的材质选项中的"投影"要开启，表示灯光照在它身上允许产生投影。

承载投影的物体：开启三维图层的材质选项中的"接受阴影"，表示它能承载别的三维图层投射下来的阴影。

如图 6-80 所示是开启了灯光的投影，地面开启了"接受阴影"：蓝色图层开启了"投影""接受阴影"；绿色图层开启了"投影"；红色图层没有开启"投影"，因此无法在地面和绿色图层上产生投影效果。

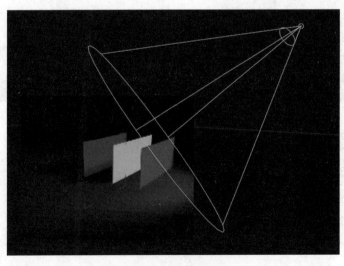

图 6-80　投影设置

5. 被照对象层的材质选项

当场景中设置灯光后，更改合成中三维图层的材质属性，能够使受照物体产生不同的投影效果。

投影：表示本图层在受光照后是否产生投影。选择"关"则不会产生投影，选择"开"则会产生投影，选择"仅"则是隐藏图层原内容，仅产生投影。

透光率：调整透过本图层的光照百分比，从而使得投影与物体颜色一致。若是彩色元素，当透光率为100%时，将显示相应色彩的阴影。若透光率为0%，没有光透过图层，将产生黑色阴影。

接受阴影：是否承载别的图层产生的投影。选择"关"则不接受其他图层的投影，选择"开"则接受投影，选择"仅"是隐藏图层原内容，仅显示投影。

接受灯光：图层本身的颜色是否受到光照的影响。如果想让三维图层本身不受光照影响，应关闭接受阴影和接受灯光。

环境：图层受环境光影响的程度。

漫射：图层反射光线的程度。值为0%时，不反射。值为100%时，将反射大量光线。

镜面强度：图层镜面反射的程度。值为0%时，无镜面高光反射。值为100%时，为最强的镜面高光反射。

镜面反光度：镜面强度大于0%时，用于确定镜面高光的大小。值为0%时，为大镜面高光。值为100%时，为小镜面高光。

金属质感：用于确定图层颜色对镜面高光颜色的影响。值为0%时，镜面高光的颜色是照射灯光的颜色。值为100%时，镜面高光的颜色是图层自身的颜色。

 岗位知识储备——影视特效镜头拍摄及后期处理技巧

为了更好地完成作品的制作，要做好前期拍摄和后期特效处理的衔接。

1. 前期拍摄技巧

（1）摄像机运动

让镜头运动起来，静止的镜头会导致特效看上去很假。

（2）提高快门速度避免运动模糊

跟踪是几乎每个视觉效果镜头的基础之一。大多数软件的运动跟踪不能很好地处理摄像机拍摄的完全模糊的片段。为了避免发生这种情况，最好的办法就是提高快门速度或让相机运动尽量平滑。

（3）记录好相机的相关信息

大多数的专业电影摄像机都会在输出的数据中带有相机设置属性的元数据，但是大多数数码摄像机却没有这个功能。所以在拍摄前期一定要记录好焦距、光圈、快门速度、相机和地面的角度、相机和制作主体的位置距离，这些数据在后期特效制作中有助于更准确地制作3D元素。

（4）确保拍摄中有跟踪标记

为了在后期特效制作中通过软件跟踪物体的运动轨迹，可以在拍摄的时候贴一些标记，例如黑色、黄色的胶带纸。贴跟踪点时应注意跟踪点的颜色、大小、间距，保证镜头需要添加虚拟元素部分的跟踪点数量，以便在后期制作中删除，或者用3D模型或其他素材替代。

（5）拍摄360度环境贴图

环境贴图是非常重要的一个环节，特别是在后期灯光渲染的时候，HDRI就相当于一个真实的自然环境，它有天光、有环境、有云、有色、有阳光（即是主光的位置），模拟了非常真实、和谐、符合自然的环境效果。

使用相机拍摄真正的 HDRI 图片，可以更好地还原灯光信息。

（6）蓝幕、绿幕的使用

蓝幕、绿幕都是拍摄特效时常用的方法，应根据镜头以及光源程度来选择，布尽量不要太多褶皱，以免影响后期抠像。但是有时候可能不具备这样的条件，借助天气也是个好方法。当然要确保演员或者拍摄的物体不要和天空有相近的颜色，否则后期处理时会很麻烦。

2. 后期处理技巧

（1）数字绘景（MP）

数字绘景又称遮罩绘画、绘景、接景。数字绘景的出现是因为在拍摄电影时，实景不能满足剧情、导演的需要。为了符合剧情，导演让画家把他们想要的场景画在玻璃上，然后放在镜头前，通过光学手段遮挡他们不想要的场景。此处要考虑场景大小比例、景别（特写、近景、中景、远景）、光照方向等。

（2）模型材质灯光

在后期使用模型材质灯光的时候，要注意大小比例、精细度、材质的融合度、交互处的细节处理。

（3）动画

后期特效在设置摄像机动画的运动范围、角度时要注意人物动画和周围环境的交互、角色动画、特效元素与原始素材的匹配等。

（4）特效

在影视中，人工制造出来的假象和幻觉被称为影视特效（也被称为特技效果）。电影摄制者利用它们来避免让演员处于危险的境地，同时减少电影的制作成本，或者只是利用它们来让电影更扣人心弦。制作时要注意光源方向、比例大小、动态是否合理、环境交互、角色交互、特效和环境之间的比重等。

（5）合成

合成一般指将录制或渲染完成的影片素材进行再处理加工，使其能完美达到需要的效果。合成的类型包括静态合成、三维动态特效合成、音效合成、虚拟和现实的合成等。合成时要注意抠像处理、色彩融合、光线角度、阴影变化、景别以及 CG 元素的处理。

➡ 巩固练习

1. 制作"强国魔方"视频（6个面做三维旋转），如图 6-81 所示。

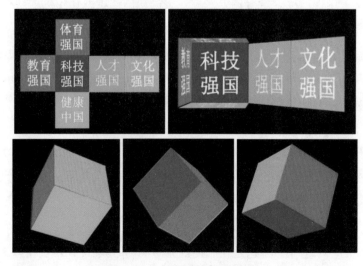

图 6-81　"强国魔方"制作效果

2. 制作"法的力量"视频（法官小锤——摄像机动画），如图 6-82 所示。

图 6-82　"法的力量"制作效果

3. 制作"诗画漫步"视频（水墨画——摄像机动画），如图 6-83 所示。

图 6-83　"诗画漫步"制作效果

4. 制作三维灯光运动变化效果，如图 6-84 所示。

图 6-84　"三维灯光"制作效果

跟踪与表达式动画是 After Effects 中比较重要的内容。跟踪，也叫跟踪运动，是影视后期创作以及电影特效当中经常会用到的追踪器工具。举例来说，科幻类的电影中会有魔法、雷电光束等特效，这些非现实的操作与实际人物动作的结合，就需要应用跟踪来实现。

表达式是一小段代码，只可以添加在 After Effects 里面的可编辑动画关键帧的属性上，它的计算结果为某一特定时间点"添加表达式图层"属性的值。很多情况下，创建和链接复杂的动画时，使用表达式可以避免手动创建数十乃至数百个关键帧，从而提高工作效率。

表达式语言基于标准的 JavaScript 语言，但不必了解 JavaScript 就能使用表达式。可以创建表达式，方法是使用关联器或者复制简单示例并修改示例。

 学习目标

1. 知识目标

理解跟踪的类型与基本属性；

掌握跟踪的创建方法；

掌握跟踪的使用方法；

了解表达式语法规则；

掌握表达式使用方法和技巧。

2. 能力目标

具备跟踪的基本操作能力；

具体表达式的基本应用能力。

任务 1　绿色乡村——摄像机跟踪

 任务描述

通过完成本任务，能够掌握摄像机跟踪的创建方法，学会跟踪数据的应用技巧。最终效果如图 7-1 所示。

图 7-1　"绿色乡村"效果图

 **任务解析**

在本任务中，需要完成以下操作。

● 启动 AE，新建项目文件，进入 AE 工作界面。基于视频素材新建合成。

● 基于视频素材添加"摄像机跟踪"效果，选择合适的跟踪点（至少三个）创建文本和摄像机图层。

● 修改文本内容并调整文字的大小和角度。

● 通过复制文本图层、添加投影效果，制作最终效果。

操作步骤

① 启动 AE 新建项目，选择"文件→导入→文件 ..."命令，弹出"导入文件"对话框，如图 7-2 所示，选中所有素材，单击"导入"按钮，将素材导入项目面板中，如图 7-3 所示。

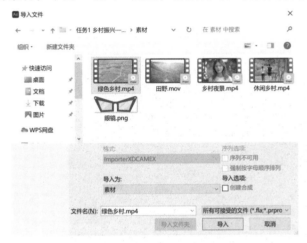

图 7-2　"导入文件"对话框

图 7-3　导入素材后的"项目"面板

② 拖曳"绿色乡村 .mp4"素材到"项目"面板底部的"新建合成"按钮上，新建"绿色乡村"合成。

③ 在"时间轴"面板，选择"绿色乡村 .mp4"素材，右键单击选择"跟踪和稳定→跟踪摄像机"命令，如图 7-4 所示，或者选择"效果→透视→ 3D 摄像机跟踪器"命令，如图 7-5 所示。

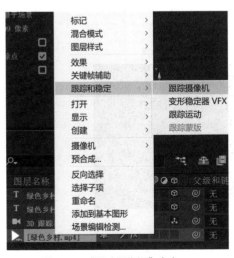

图 7-4　"跟踪摄像机"命令

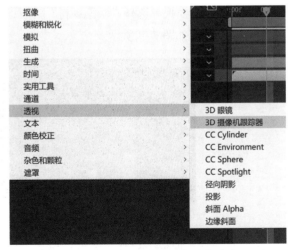

图 7-5　"3D 摄像机跟踪器"命令

④ 等待数据跟踪完成后，在合成面板中选择合适的跟踪点（着色的 x 为跟踪点），如图 7-6 所示，或者右键单击选择"创建文本和摄像机"命令，如图 7-7 所示。

图 7-6　跟踪点

图 7-7　"创建文本和摄像机"命令

⑤ 在合成面板中使用文本工具选择默认文本，并修改文本内容为"绿色乡村"，"3D 摄像机跟踪器"参数设置如图 7-8 所示。

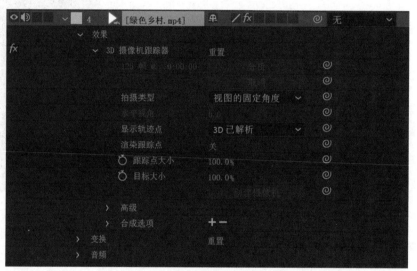

图 7-8　"3D 摄像机跟踪器"参数

⑥ 在"时间轴"面板中选择"绿色乡村"图层，使用快捷键【Ctrl+D】复制一个图层，生成"绿色乡村 2"图层，新的图层关系如图 7-9 所示。

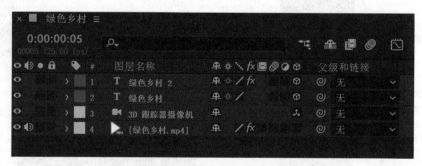

图 7-9　图层位置关系

⑦ 在"时间轴"面板中选择"绿色乡村 2"图层，执行菜单"效果→透视→投影"命令。为了增强文字的三维效果，选择"绿色乡村"图层，使用方向键调整图层的位置，最终效果如图 7-1 所示。

⑧ 测试并调整视频效果，最后渲染导出视频。

任务 2　休闲乡村——两点跟踪

 任务描述

通过完成本任务，能够掌握两点跟踪的创建方法，学会跟踪数据的应用技巧。最终效果如图 7-10 所示。

图 7-10　"休闲乡村"效果图

任务解析

在本任务中，需要完成以下操作。

● 启动 AE，新建项目文件，进入 AE 工作界面。基于视频素材新建合成。

● 基于视频素材添加"跟踪运动"效果，跟踪类型为"变换"，跟踪参数勾选"位置""旋转""缩放"。

● 选择合适的跟踪区域，调整跟踪点的"特性区域""搜索区域"位置和大小，调整跟踪点的"附加点"位置，单击"向前分析"按钮，完成跟踪分析。

● 新建空对象，在跟踪面板中的"编辑目标"选择"空 1"并单击"应用"按钮，将跟踪数据赋给空对象。

● 新建文本并创建三维效果，调整文本的大小和位置，最后将文本图层通过"父级关联器"链接到"空 1"图层，制作最终效果。

操作步骤

① 启动 AE 新建项目，选择"文件→导入→文件 …"命令，弹出"导入文件"对话框，如图 7-11 所示，选中所有素材，单击"导入"按钮，将素材导入项目面板中，如图 7-12 所示。

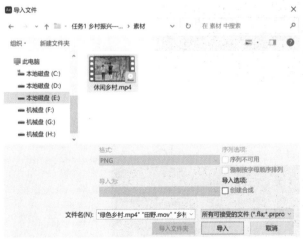

图 7-11　"导入文件"对话框

图 7-12　导入素材后的"项目"面板

② 拖曳"休闲乡村 .mp4"素材到"项目"面板底部的"新建合成"按钮上，新建"休闲乡村"合成。

③ 在"时间轴"面板，选择"休闲乡村 .mp4"素材，右键单击选择"跟踪和稳定→跟踪运动"命令，如图 7-13 所示。

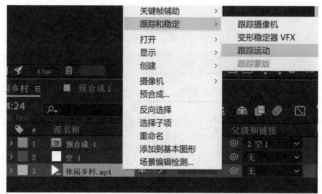

图 7-13 "跟踪运动"命令

④ 在"跟踪器"面板中，勾选跟踪参数"位置""旋转""缩放"，如图 7-14 所示。在"合成"面板中调整跟踪点的"特性区域""搜索区域"位置和大小，调整跟踪点的"附加点"位置，单击"向前分析"按钮完成跟踪分析，如图 7-15 所示。

图 7-14 跟踪参数设置

图 7-15 选择跟踪数据后的右键菜单

⑤ 在"时间轴"面板，右击空白区域新建"空对象"图层，然后在"跟踪器"面板中单击"编辑目标"按钮，在出现的对话框中选择"空 1"图层，如图 7-16 所示。

图 7-16 "运动目标"选择效果

⑥ 在"动态跟踪器应用选项"对话框的"应用维度"参数中选择"X 和 Y"选项，如图 7-17 所示。

图 7-17 "动态跟踪器应用选项"对话框

⑦ 在"合成"面板中，使用"横排文字工具"输入"休闲乡村"文字，调整"字体"参数值为"微软雅黑"，"字体样式"为"Bold"，"字体大小"值为 28 像素，如图 7-18 所示。

图 7-18　文字参数设置效果　　　　　　　　　　图 7-19　文字调整效果

⑧ 在"时间轴"面板中选择"休闲乡村"文本图层，使用快捷键【Ctrl+D】复制一个图层，生成"休闲乡村 2"文本图层。

⑨ 在"时间轴"面板中选择"休闲乡村 2"文本图层，在"效果控件"面板中选中"四色渐变"与"投影"两个效果并复制。

⑩ 在"时间轴"面板中选择"休闲乡村"文本图层，按快捷键【Ctrl+V】将"四色渐变"与"投影"效果属性粘贴到图层。为了增强文字的三维效果，选择"休闲乡村"文本图层，使用方向键调整图层的位置，如图 7-19 所示。

⑪ 将两个文本图层均链接到"空 1"图层，建立父子关系，实现文字跟随画面运动的效果。

⑫ 测试并调整视频效果，最后渲染导出视频。

任务 3　夜景乡村——蒙版跟踪

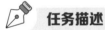 任务描述

通过完成本任务，能够掌握蒙版跟踪的创建方法，学会跟踪数据的应用技巧。最终效果如图 7-20 所示。

图 7-20　"夜景乡村"效果图

 任务解析

在本任务中，需要完成以下操作。

● 启动 AE，新建项目文件，进入 AE 工作界面。基于视频素材新建合成。

● 基于视频素材绘制人物面部蒙版，跟踪器方法为"脸部跟踪"（详细跟踪）。

● 设置"设置静止姿势"时间点，并单击"向前跟踪所选蒙版"按钮完成跟踪分析。

● 新建空对象，通过"父级关联器"将空对象链接到效果"脸部跟踪点→左眼→左眼内侧"跟踪数据。

● 导入"眼镜"素材，通过"父级关联器"将"眼镜"素材链接到空对象。

● 为"眼镜"素材添加"旋转"关键帧，对跟踪效果进行调整修正，制作最终效果。

✏️ **操作步骤**

① 启动 AE 新建项目，选择"文件→导入→文件 ..."命令，弹出"导入文件"对话框，如图 7-21 所示。选中所有素材，单击"导入"按钮，将素材导入项目面板中，如图 7-22 所示。

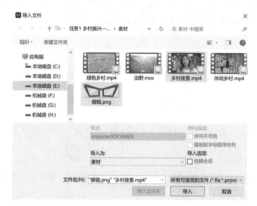

图 7-21 "导入文件"对话框

图 7-22 导入素材后的"项目"面板

② 拖曳"乡村夜景 .mp4"素材到"项目"面板底部的"新建合成"按钮上，新建"乡村夜景"合成，将"眼镜"素材拖曳到新建合成的时间轴面板，在"时间轴"面板中选择"乡村夜景 .mp4"图层，使用快捷键【Ctrl+D】复制一个图层，新的图层关系如图 7-23 所示。

③ 在"时间轴"面板选择"休闲乡村 .mp4"素材，使用铅笔工具在"合成"面板中沿人物面部边缘绘制蒙版，如图 7-24 所示。

图 7-23 图层关系

图 7-24 面部蒙版绘制效果

④ 在"时间轴"面板中，选择"乡村夜景 2.mp4"图层，依次选择"蒙版→蒙版 1→蒙版路径"，右键单击"蒙版 1"选择"跟踪蒙版"命令，如图 7-25 所示，跟踪器面板如图 7-26 所示。

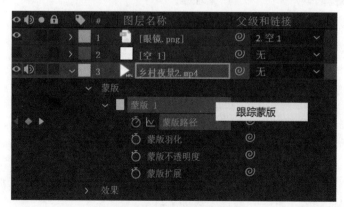

图 7-25 "跟踪蒙版"命令

图 7-26 跟踪器面板

⑤ 在"跟踪器"面板中单击"设置静止姿势"按钮，单击"向前跟踪所选蒙版"按钮，完成跟踪数据收集。

⑥ 新建空对象"空 1"图层，打开"乡村夜景 2.mp4"图层的"左眼"跟踪属性，拖曳"空 1"图层"父级关联器"图标到"左眼内侧"属性，创建属性链接，如图 7-27 所示。

图 7-27　空对象链接跟踪数据

图 7-28　"眼镜"图层创建关联

⑦ 在"时间轴"面板中，拖曳"眼镜 .png"图层"父级关联器"图标到"乡村夜景 2.mp4"图层，创建父级链接，如图 7-28 所示。

⑧ 在"合成"面板中调整"眼镜"素材到合适位置，测试跟踪效果，位置跟踪数据准确，旋转没有跟踪数据。

⑨ 在"时间轴"面板中选择"眼镜 .png"图层，创建"旋转"关键帧，根据合成效果分别在时间轴面板的"0:00:00:00""0:00:01:23""0:00:04:03""0:00:04:14""0:00:05:01""0:00:05:09""0:00:05:19""0:00:06:20"处调整"旋转"属性值为 –3、–5.7、–4.8、–5、–7.6、–9、–9、–11，选中设置的所有旋转关键帧，按快捷键【F9】实现缓动效果，如图 7-29 所示。

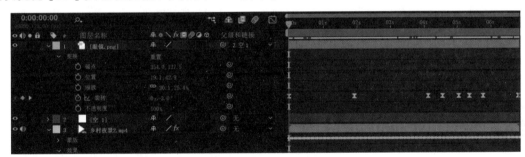

图 7-29　旋转关键帧设置效果

⑩ 测试并调整视频效果，最后渲染导出视频。

7.1　三维跟踪

1. 跟踪摄像机

跟踪摄像机是用来做摄像机反求的，它主要通过运动画面，反算出当时拍摄这个画面的物理摄像机的位置和运动轨迹，并在 AE 中创建虚拟摄像机进行模仿。也就是说 AE 自带的跟踪摄像机工具，可以把摄像机的数据（推拉摇移）反求出来，然后应用这些跟踪数据实现视频效果。

2. 跟踪运动

After Effects 的跟踪运动，是指跟踪运动的物体，可以跟踪视频画面中特征明显的点，为跟踪的点添加文字、图片等信息；也可以跟踪一个界限明显的面，在面上添加文字、视频等信息，做到视频和设计元素结合。可以通过在"图层"面板中设置跟踪点来指定要跟踪的区域。每个跟踪点包含一个特性区域、一个搜索区域和一个附加点，如图 7-30 所示。

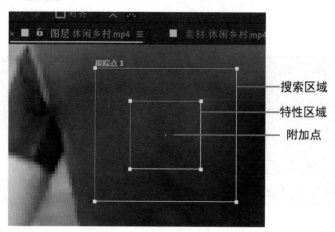

图 7-30　跟踪点

特性区域：定义图层中要跟踪的元素。特性区域应当围绕一个与众不同的可视元素，最好是现实世界中的一个对象。不管光照、背景和角度如何变化，After Effects 在整个跟踪持续期间都必须能够清晰地识别被跟踪的特性。

搜索区域：定义 After Effects 为查找跟踪特性而要搜索的区域。被跟踪特性只需要在搜索区域内与众不同，不需要在整个帧内与众不同。将搜索限制到较小的搜索区域可以节省搜索时间并使搜索过程更为轻松，但存在的风险是所跟踪的特性可能完全不在帧之间的搜索区域内。

附加点：指定目标的附加位置（图层或效果控制点），以便与跟踪图层中的运动特性保持同步。

一组跟踪点构成一个跟踪器。它的原理是：选择画面上的特征区域（要跟踪的点），由计算机自动地分析运动对象上特征区域随时间推进发生的变化，从而得到跟踪区域的位置数据、旋转数据以及缩放数据，将跟踪数据应用到另一个对象，从而创建图层或效果跟随运动的合成效果。

有以下几种跟踪方式。

单点跟踪：跟踪影片剪辑中的单个特征区域（小面积像素）来记录位置数据。

两点跟踪：跟踪影片剪辑中的两个特征区域，并使用两个跟踪点之间的关系来记录位置、缩放和旋转数据。

四点跟踪或边角定位跟踪：跟踪影片剪辑中的四个特征区域来记录位置、缩放和旋转数据。这四个跟踪器会分析四个特征区域（例如图片帧的各角或电视监视器）之间的关系。此数据应用于图像或剪辑的每个角，以"固定"剪辑，这样它便显示为在图片帧或电视监视器中锁定。

多点跟踪：在剪辑中随意跟踪多个特征区域。可以在"分析运动"和"稳定"行为中手动添加跟踪器。将一个"跟踪点"行为从"形状"行为子类别应用到一个形状或蒙版时，会为每个形状控制点自动分配一个跟踪器。

3. 蒙版跟踪

蒙版跟踪可变换蒙版，使其跟随影片中对象的动作。通常创建和使用蒙版，从最终输出中隐藏剪辑、选择图像或视频的一部分来应用效果，或者组合来自不同序列的剪辑。要使用蒙版跟踪功能，先选择一个蒙版并在该蒙版下单击"蒙版路径"。用鼠标右键单击所选蒙版并选择"跟踪蒙版"，开始跟踪蒙版。选择某个蒙版后，"跟踪器"面板会切换为蒙版跟踪模式并显示以下控件（见图 7-31）：向后跟踪一帧、向后跟踪、向前跟踪、向前跟踪一帧。

可以选择不同方法来修改蒙版的位置、比例、旋转、倾斜和视角。

图 7-31　"跟踪器"面板

在"跟踪器"面板中，有两个人脸跟踪选项：

人脸跟踪（仅限轮廓）：如果要跟踪的只是脸部轮廓，使用此选项。

人脸跟踪（详细五官）：如果要检测眼睛（包括眉毛和瞳孔）、鼻子和嘴的位置，并选择提取各种特征的测量值，使用此选项。可复制脸部测量值，粘贴于 Adobe Character Animator 中用来做角色动画。

如果使用"细节功能"选项，人脸跟踪点效果则会应用于该图层。该效果在关键帧中包含若干 2D 效果控制点，每个控制点附着到已检测到的面部特征（例如，眼角和嘴角、瞳孔位置以及鼻尖）。

任务 4　制作"健康生活"视频封面——表达式的控制

 任务描述

通过完成本任务，能够了解表达式语法规则，掌握表达式使用方法和技巧。最终效果如图 7-32 所示。

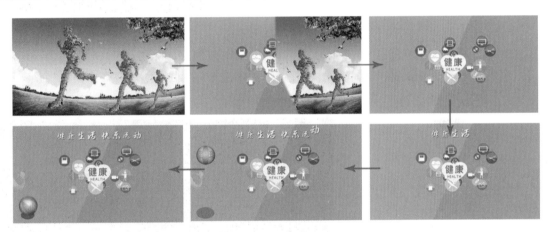

图 7-32　"健康生活"效果图

任务解析

在本任务中，需要完成以下操作。

● 启动 AE，新建项目文件，进入 AE 工作界面。基于背景素材新建合成。

● 设置合成开始时间为 0 秒，持续时间为 6 秒，并调整"背景"素材长度与时间轴长度相同。

● 导入其他素材，设置背景 1 素材"径向擦除"效果。

● 新建文本图层，输入文字，设置文字字符参数效果，添加文本动画效果实现进场效果，添加"投影"效果增加文本三维效果，添加表达式实现文本抖动效果。

● 选择姿态图层，调整锚点位置，设置旋转动画，添加抖动效果。

● 新建形状图层，添加矩形并调整大小和位置，添加填充颜色为"E7D73B"，同时选择矩形路径与填充，右键选择"组合形状"，创建组 1，复制组 1，创建组 2，调整组 2 的填充色为"FFFFFF"，多次复制并调整位置，使各组恰好充满合成窗口。

● 新建文本图层，输入文本内容调整字符参数，添加"投影"效果，同时选择"形状"图层与新创建的文本图层，生成"预合成"图层，并添加动画效果。

● 新建形状图层，添加矩形并调整大小和位置，添加填充颜色为"726F6F"，添加动画效果，制作最终效果。

操作步骤

① 启动 AE 新建项目，选择"文件→导入→文件 ..."命令，弹出"导入文件"对话框，如图 7-33 所示，选中所有素材，单击"导入"按钮，将素材导入项目面板中，如图 7-34 所示。

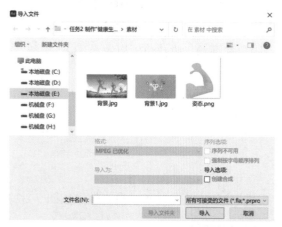

图 7-33 "导入文件"对话框

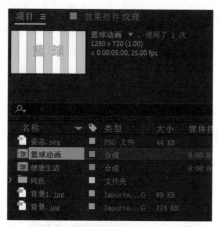

图 7-34 导入素材后的"项目"面板

② 拖曳"背景.jpg"素材到"项目"面板底部的"新建合成"按钮上，新建合成并重命名为"健康生活"，将"背景 1.jpg"素材拖曳到新建合成的时间轴面板，在窗口菜单选择"效果→过渡→径向擦除"命令，如图 7-35 所示。

图 7-35 添加"径向擦除"过渡

图 7-36 添加过渡关键帧效果

③ 在"时间轴"面板，将时间指示器移动到 0:00:00:11 处，单击"过渡完成"参数左侧按钮添加关键帧，设置参数值为 100，如图 7-36 所示，将时间指示器移动到 0:00:01:00 处，单击"添加或移除关键帧"按钮，设置参数值为 0。

④ 拖曳"姿态.png"素材到"时间轴"面板，在合成面板中将"姿态.png"素材移动到窗口左侧，并将锚点调整到侧面，如图 7-37 所示。

⑤ 在"时间轴"面板，将"姿态.png"素材的开始位置移动到 0:00:01:15 处，单击"旋转"参数左侧按钮添加关键帧，设置参数值为 0，将时间指示器移动到 0:00:02:07 处，单击"添加或移除关键帧"按钮，设置参数值为 36，如图 7-38 所示。

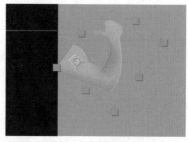

图 7-37 调整锚点位置

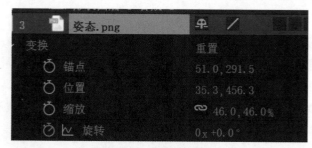

图 7-38 设置旋转参数

模块七 跟踪与表达式 | 139 |

⑥ 按下【Alt】键，单击"姿态.png"素材"旋转"参数左侧的"码表"，添加表达式，在表达式编辑区删除默认数据，输入"wiggle(4,35)"，实现旋转过程中的抖动效果，如图 7-39 所示。

图 7-39 添加抖动表达式

⑦ 在"时间轴"面板空白处，右键单击选择"新建→形状图层"命令，重命名图层名称为"纹理"，如图 7-40 所示，单击创建的形状图层属性"内容"右侧的添加按钮，选择"矩形"命令，如图 7-41 所示，继续单击"添加"按钮，选择"填充"命令，设置颜色为"E7D73B"，调整矩形的大小和位置，如图 7-42 所示。

图 7-40 "形状图层"命令　　图 7-41 "矩形"命令　　图 7-42 矩形调整效果

⑧ 在"形状图层"属性中按【Shift】键的同时选择"矩形路径"和"填充"参数，右击选择"组合形状"命令，如图 7-43 所示。选择生成的"组 1"，按【Ctrl+D】复制"组 1"，调整创建的"组 2"的"填充"参数值为"FFFFFF"，同时选择"组 1"与"组 2"，按【Ctrl+D】多次复制，调整各组的位置，如图 7-44 所示。

图 7-43 "组合形状"命令　　图 7-44 各组位置调整效果

⑨ 在"时间轴"面板新建文本图层，输入文字"篮球"，重命名图层名称为"篮球"，调整"字符"面板中的参数值，如图 7-45 所示，添加"投影"效果，并调整文本位置，如图 7-46 所示。

图 7-45 字符参数设置　　图 7-46 文本位置调整效果

⑩ 在"时间轴"面板同时选择"篮球"图层、"纹理"图层，创建预合成，命名为"篮球动画"，在窗口菜单选择"效果→透视 → CC Sphere"效果，生成篮球效果，如图 7-47 所示，将"篮球动画"预合成的开始位置移动到 0:00:01:15 处，如图 7-48 所示。

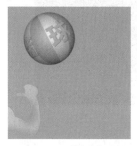

图 7-47 "篮球"效果

图 7-48 图层位置调整效果

⑪ 将时间指示器移动到 0:00:01:15、0:00:02:15、0:00:03:15 处分别添加关键帧，并分别设置"位置"参数值为"114.0，119.0""114.0，616.0""114.0，193.0"，选中这三个关键帧按【F9】快捷键生成缓动效果。

⑫ 按【Alt】键的同时鼠标左键单击"位置"属性左侧的"码表"添加表达式，先删除默认数据，输入"loopOut(type ＝ "pingpong"，numKeyframes ＝ 0)"，实现往返运动效果，如图 7-49 所示。

图 7-49 "位置"属性表达式添加效果

⑬ 按【Alt】键的同时鼠标左键分别单击"CC Sphere"属性"Rotation X""Rotation Y""Rotation Z"属性左侧的"码表"添加表达式，先删除默认数据，分别输入"time*90""time*90""time*180"，并分别打开"时间轴"面板"运动模糊"属性的总开关与"篮球动画"图层的"运动模糊"开关，如图 7-50 所示。

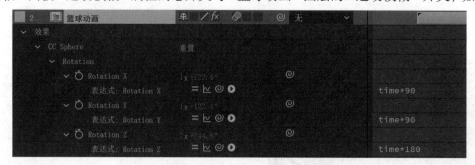

图 7-50 "旋转"属性表达式添加效果

⑭ 在"时间轴"面板新建"形状图层"并命名为"阴影"，单击"阴影图层"属性"内容"右侧的添加按钮，选择"椭圆"命令，单击"添加"按钮，选择"填充"命令，设置颜色为"726F6F"，调整椭圆的大小和位置，如图 7-51 所示，将"阴影图层"的开始位置移动到 0:00:01:15 处。

图 7-51 椭圆效果

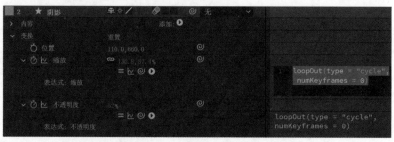

图 7-52 "缩放"和"不透明度"属性表达式添加效果

⑮选择"阴影图层"，将时间指示器移动到0:00:01:15、0:00:02:15、0:00:03:15处，分别添加"缩放"和"不透明度"关键帧，并分别设置位置"缩放"参数值为"137.0，87.6%""100.1，64.0%""137.7，88.0%"，"不透明度"参数值为"50%""100%""50%"，选中"缩放"和"不透明度"所有关键帧，按【F9】快捷键生成缓动效果。

⑯按【Alt】键的同时鼠标左键分别单击"缩放"和"不透明度"属性左侧的"码表"添加表达式，先删除默认数据，分别输入"loopOut(type = "cycle"，numKeyframes = 0)""loopOut(type = "cycle"，numKeyframes = 0)"，并打开"阴影图层"的"运动模糊"开关，如图 7-52 所示。

⑰测试并调整视频效果，最后渲染导出视频。

7.2 创建与应用表达式

表达式按钮如图 7-53 所示。

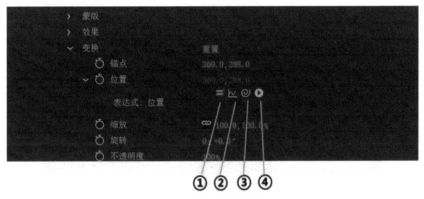

图 7-53　表达式按钮

①表达式开关；　②表达式图表；　③表达式关联器；④表达式语言菜单。

- 表达式开关：打开或者关闭表达式效果。
- 表达式图表：查看表达式数据变化曲线。
- 表达式关联器：链接属性用于表达式。
- 表达式语言菜单：调用 AE 内置表达式函数命令。

1. 添加表达式

添加表达式有两种方法：① 要向某属性添加表达式，可在"时间轴"面板中选择该属性并选择窗口菜单"动画→添加表达式"或者按快捷键【Alt+Shift+=】；② 按住【Alt】键并单击"时间轴"面板或"效果控件"面板中属性名称旁的"码表"按钮 。

2. 禁用和移除表达式

① 禁用表达式。要暂时禁用表达式，可单击"表达式开关"，当表达式处于禁用状态时，此开关中会显示一条斜杠。

② 移除表达式。要从某属性中移除表达式，可在"时间轴"面板中选择该属性并选择"动画→移除表达式"，或者按住【Alt】键并单击"时间轴"面板或"效果控件"面板中属性名称旁的"码表"按钮。

3. 编辑表达式

① 通过手动键入表达式或通过使用"表达式语言菜单"输入整个表达式。

② 使用表达式关联器创建表达式或者从某个示例或其他属性中粘贴表达式。

可以在"时间轴"面板中使用表达式完成所有工作，但有时将表达式关联器拖动到"效果控件"面板的属性中更为方便。

可在表达式字段（时间图表中一个可调整大小的文本字段）中输入和编辑表达式。表达式字段显示在图层条模式中的属性旁。可以在文本编辑器中编写表达式，然后将其复制到表达式字段中。当我们向图层属性添加表达式时，默认表达式将显示在表达式字段中。默认表达式实际上不执行任何操作，它会将属性值设置为其本身，这使我们能轻松地自行微调表达式。

4. 表达式书写规则

（1）表达式的数据类型

在 After Effect 中不同属性的参数是不一样的，大致可以分为 4 种：单个数值、数组、布尔值、字符串。单个数值和数组是最常使用的数据类型，二者的区别如图 7-54 所示。

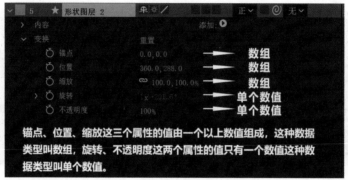

图 7-54　单个数值和数组的区别

我们最常调节的就是单个数值，但是 After Effect 里的很多属性其实是由多个数值组成的，我们把这种多个数值组成的数据类型叫作数组。

布尔值主要起开关作用，它主要就是两个值：true 和 false。true 代表"真"、false 代表"假"。可以用数值 0 和 1 代表：0 代表假、1 代表真。

字符串不太常用，我们做个简单了解，它主要是针对文本工具的：如"你好"（字符串需要用双引号""括起来，双引号里可以填任何信息，中文、英文或者数字都可以，但它只是字符的意义）。

（2）数组的书写格式

上文提到数组是由多个数值组成的，需要使用中括号"[]"括起来，如 [10,10]。中括号里可以填多个数值（要填几个数值取决于对应的属性），每一个数值之间用逗号隔开。

5. 变量与内置函数的使用

开始使用表达式的一种好方法是使用表达式关联器创建简单表达式，然后使用简单数字运算（见表 7-1）调整。

表 7-1　表达式中的运算符号

符号	函数
+	加
—	减
*	乘
/	除
*-1	执行与原来相反的操作

例如，可以通过在表达式结尾键入"*2"将结果增大一倍；也可以通过在表达式结尾键入"/2"将结果减小一半。

（1）变量

在书写 After Effect 表达式的时候，并不是我们书写的所有内容都能识别，表达式一般能识别的就是其内部的一些函数命令，我们可以直接在"表达式语言菜单"中调用。除了内部的一些函数命令，表达式还可以识别我们外部自定义的变量。变量是区分大小写的，这个特点在书写时一定要注意。

变量是用来存储数值的，可以把它当作一个容器。比如 a=100，我们就把 100 这个数值存储在 a 里，则 a 此时就是一个变量。变量需要使用符号"="来进行赋值，可以使用任何单词作为变量，字母 a 也好、字母 b 也好、单词也好或者汉语拼音都可以，但是不能使用中文作为变量名。

（2）表达式内置的函数命令

内置的函数命令就是我们最常使用的一些代码，直接可以在 AE 表达式工具里的"表达式语言菜单"进行调用。表达式语言菜单里包含了所有我们书写表达式需要用到的函数命令。

6. 常用的表达式

（1）wiggle（摆动）表达式

wiggle 表达式，能够实现物体随机摆动的效果。

写法：wiggle(频率 , 振幅)。

解释：频率指的是每秒抖动的次数；振幅指的是抖动的像素幅度。

举例：wiggle(5,50) 代表着物体每秒抖动 5 次，每次抖动 50 个像素单位。

（2）time（时间）表达式

time 表达式，主要用来获取时间的值，以 25 帧 / 秒的帧速率为例，如果时间指针走到第 2 帧，那么 time 的值为 $2 \div 25 \approx 0.1$；到第 25 帧的时候，time 的值为 $25 \div 25=1$。

写法：time*n。

解释：n 指的是 time 乘的倍数。

举例：time*300 代表着当前时间的 300 倍。

在旋转属性加入表达式，当时间指针走到第 10 帧的时候，time 值为（$10 \div 25$）*300=120。

因为 time 值一直在变化，所以旋转会一直持续。

（3）random（随机）表达式

random 表达式，能够实现随机变化的效果。 执行 random( )，可以得到 0 ～ 1 之间的一个随机数，利用随机数可以做出各种随机的动画效果。

写法：random( )*n(注：random 表达式里的参数较多，这里不做深入介绍)。

解释：n 指的是 random 乘的倍数。

举例：random( )*100 代表随机数的 100 倍。

在不透明度属性加入表达式"random()*100"或"random(100)"，不透明度的值随机变化，会出现随机闪烁效果。

（4）loopOut（循环）表达式

loopOut 表达式，可以实现无限循环的效果。如果我们需要某个效果一直重复，不需要重复多次做关键帧，只需要做好一个来回的关键帧，再添加 loopOut( ) 函数即可解决。

写法 :loopOut(type = "cycle", numKeyframes = 0)。

案例演示：做一个循环缩放的动效。

举例：loopOut(type="cycle",numKeyframes=0)。

其中 cycle 是循环的方式，numKeyframes 是循环的段数，0 代表所有关键帧循环，1 代表只循环末尾的一段关键帧，2 就是末尾两段，依此类推。

除此之外还有 pingpong、offset、continue 循环方式，其他的大家可以自己尝试。

● cycle：将关键帧动画重复进行的循环效果。

● pingpong：像乒乓球一样来回往复循环。

● continue：沿着最后一帧的方向和运动速度继续运动下去。

● offset: 重复指定段，但整个过程会产生偏移，相当于后面的循环接在前面循环的结束处重复循环过程而不是恢复到循环的起始状态（cycle）或结束状态（pingpong）。

任务 5　幸福之旅——脚本的应用

任务描述

通过完成本任务，能够掌握 Motion Tools 2 脚本的应用，学会脚本的应用技巧。最终效果如图 7-55 所示。

图 7-55　"幸福之旅"效果图

任务解析

在本任务中，需要完成以下操作。

● 启动 AE，新建项目文件，进入 AE 工作界面。基于"背景"素材新建合成。

● 设置合成开始时间为 0 秒，持续时间为 8 秒，并调整"背景"素材长度与时间轴长度相同。

● 导入其他素材，调整"汽车"和"车轮"素材的大小、位置，使之与背景相适应。

● 设置车轮的转动效果，设置汽车的位移效果，然后添加车轮与对应汽车的父子关系，实现同步移动。

● 使用 Motion Tools 2 脚本，设置汽车速度变化效果。

● 输入"幸福之旅""安全先行"文本并设置文字动画效果。

● 输入"忽快忽慢 -- 要不得"文本，使用 Motion Tools 2 脚本设置锚点位置，设置文字动画效果后，再使用 Motion Tools 2 脚本复制关键帧效果。

操作步骤

①启动 AE 新建项目，选择"文件→导入→文件 ..."命令，弹出"导入文件"对话框，如图 7-56 所示，选中所有素材，单击"导入"按钮，将素材导入项目面板中，如图 7-57 所示。

图 7-56　"导入文件"对话框

图 7-57　导入素材后的"项目"面板

②拖曳"背景 .png"素材到"项目"面板底部的"新建合成"按钮上，新建合成并重命名为"幸福之旅"，按快捷键【Ctrl+K】打开"合成设置"对话框，将时间设置为 0:00:08:00，如图 7-58 所示，将其他素材拖曳到"时间轴"面板，排列关系如图 7-59 所示。

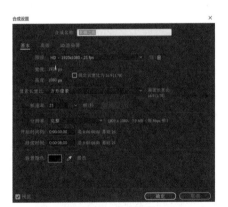

图 7-58　合成设置

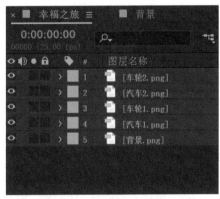

图 7-59　素材位置关系

③在"时间轴"面板，选择"汽车 1"素材，设置"缩放"参数值为 60，设置"位置"参数值为"190.0，896.0"，选择"车轮 1"素材，设置"缩放"参数值为 25，设置"位置"参数值为"170.0，230.0"，如图 7-60 所示。将时间指示器移动到 0:00:01:00 处，单击"旋转"参数左侧"码表"按钮启动并添加关键帧，将时间指示器移动到 0:00:04:00 处，单击"旋转"参数左侧"添加 / 移除关键帧"按钮添加关键帧，设置参数值为"15x+0.0"，如图 7-61 所示。

图 7-60　素材大小位置关系

图 7-61　旋转参数设置

④ 在"时间轴"面板选择"车轮 1"素材,按快捷键【Ctrl+D】复制图层,并设置复制图层的"位置"参数值为"436.0,230.0",分别拖动两个"车轮 1"素材的"父级关联器"图标链接到"汽车 1"素材,如图 7-62 所示。

图 7-62　设置图层间父子关系　　　　　　　　　　　图 7-63　汽车 1 位置参数

⑤ 在"时间轴"面板选择"汽车 1"素材,将时间指示器移动到 0:00:01:00 处,单击"位置"参数左侧"码表"按钮启动并添加关键帧,将时间指示器移动到 0:00:04:00 处,单击"位置"参数左侧"添加 / 移除关键帧"按钮添加关键帧,设置参数值为"1710.0,896.0",如图 7-63 所示。

⑥ 在"时间轴"面板选择"汽车 2"素材,设置"缩放"参数值为 60,设置"位置"参数值为"1714.0,654.0",选择"车轮 2"素材,设置"缩放"参数值为 25,设置"位置"参数值为"170.0,227.0",将时间指示器移动到 0:00:01:00 处,单击"旋转"参数左侧"码表"按钮启动并添加关键帧,将时间指示器移动到 0:00:04:00 处,单击"旋转"参数左侧"添加 / 移除关键帧"按钮添加关键帧,设置参数值为"–15x+0.0"。

⑦ 在"时间轴"面板选择"车轮 2"素材,按快捷键【Ctrl+D】复制图层,并设置复制图层的"位置"参数值为"436.0,227.0",分别拖动两个"车轮 2"素材的"父级关联器"图标链接到"汽车 2"素材。

⑧ 在"时间轴"面板选择"汽车 2"素材,将时间指示器移动到 0:00:01:00 处,单击"位置"参数左侧"码表"按钮启动并添加关键帧,将时间指示器移动到 0:00:04:00 处,单击"位置"参数左侧"添加 / 移除关键帧"按钮添加关键帧,设置参数值为"194.0,654.0"。

⑨ 在"时间轴"面板选择"汽车 1"素材,单击"位置"参数名称即可选中已经设置好的关键帧,选择"窗口→ Motion Tools 2.jsxbin"命令打开"Motion Tools 2"脚本,如图 7-64 所示。向右拖动脚本面板第一个圆形按钮至显示数值为 82,如图 7-65 所示。

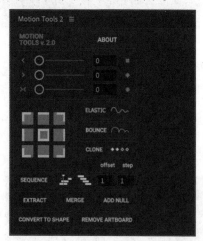

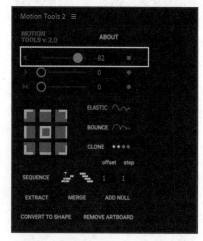

图 7-64　Motion Tools 2 面板　　　　　　　　　　图 7-65　Motion Tools 2 参数设置

⑩ 在"时间轴"面板单击"图表编辑"窗口,查看速度变化曲线,如图 7-66 所示,实现汽车 1 由慢到快的速度变化。

⑪ 在"时间轴"面板,选择"汽车 2"素材,单击"位置"参数名称即可选中已经设置好的关键帧,在"Motion Tools 2"脚本面板,向右拖动第二个圆形按钮至显示数值为 88,单击"图表编辑"窗口,查看速度变化曲线,如图 7-67 所示。

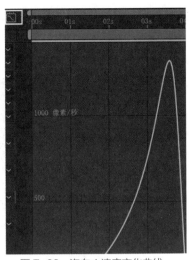

图 7-66　汽车 1 速度变化曲线

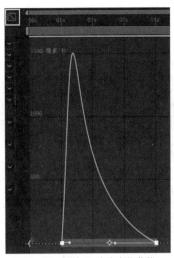

图 7-67　汽车 2 速度变化曲线

⑫ 在"合成"面板中，使用"横排文字工具"单击窗口任一位置，输入"幸福之旅"，设置文本属性，字体为"微软雅黑"，字体样式为"Bold"，字体大小为"60 像素"，如图 7-68 所示。

图 7-68　文本字体参数设置 1

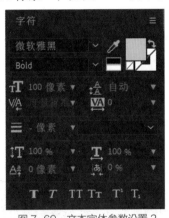

图 7-69　文本字体参数设置 2

⑬ 在"合成"面板中，使用"横排文字工具"单击窗口任一位置，输入"安全先行"，设置文本属性，字体为"微软雅黑"，字体样式为"Bold"，字体大小为"60 像素"，如图 7-68 所示。

⑭ 在"合成"面板中，使用"横排文字工具"单击窗口任一位置，输入"忽快忽慢 -- 要不得"，设置文本属性，字体为"微软雅黑"，字体样式为"Bold"，字体大小为"100 像素"，如图 7-69 所示。

⑮ 在"时间轴"面板选择"幸福之旅"文本素材，设置"变换"中的"位置"参数值为"968.0，148.0"，将时间指示器移动到 0:00:00:00 处，单击"文本"属性右侧的 动画: ▶ 三角形按钮，在出现的下级菜单中选择"不透明度"命令，如图 7-70 所示。

图 7-70　动画"不透明度"属性

图 7-71　添加"缩放"参数

⑯ 在"动画制作工具1"属性中,单击"添加"右侧的 添加:● 三角形按钮,依次添加"位置""缩放""模糊"属性,如图 7-71 所示,并设置"范围选择器"中的"位置"参数值为"-1384.0,0.0","缩放"参数值为"600.0,600.0%", "不透明度"参数值为"0%", "模糊"参数值为"10.0,10.0",如图 7-72 所示。

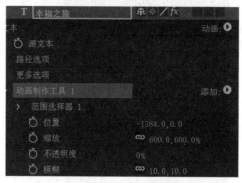

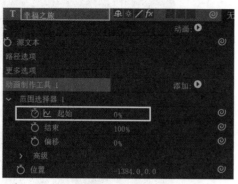

图 7-72　"幸福之旅"参数数值设置　　　　　　　图 7-73　"幸福之旅""起始"参数关键帧设置

⑰ 在"范围选择器1"中单击"起始"左侧的"码表"启动并创建关键帧,设置参数值为 0,如图 7-73 所示,将时间指示器移动到 0:00:00:15 处,单击"起始"参数左侧"添加/删除关键帧"按钮,设置"起始"参数值为 100。

⑱ 在"时间轴"面板,选择"安全先行"文本素材,设置"变换"中的"位置"参数值为"1276.0,146.0",将时间指示器移动到 0:00:00:00 处,单击"文本"属性右侧的 动画:● 三角形按钮,在出现的下级菜单中选择"不透明度"命令。

⑲ 在"动画制作工具1"属性中,单击 添加:● "添加"右侧的三角形按钮,依次添加"位置" "缩放""模糊"属性,并设置"范围选择器"中的"位置"参数值为"0.0,-179.0","缩放"参数值为"600.0,600.0%", "不透明度"参数值为"0%", "模糊"参数值为"10.0,10.0",如图 7-74 所示。

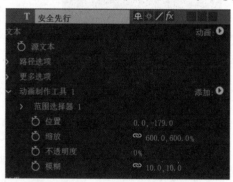

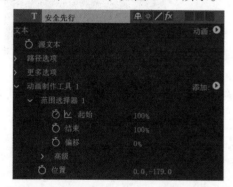

图 7-74　"安全先行"参数数值设置　　　　　　　图 7-75　"安全先行""起始"参数关键帧设置

⑳ 将时间指示器移动到 0:00:00:15 处,在"范围选择器1"中单击"起始"左侧的"码表"启动并创建关键帧,设置参数值为 0,如图 7-74 所示,将时间指示器移动到 0:00:01:00 处,单击"起始"参数左侧"添加/删除关键帧"按钮,设置"起始"参数值为 100,如图 7-75 所示。

㉑ 在"时间轴"面板,选择"忽快忽慢 -- 要不得"文本素材,设置"变换"中的"位置"参数值为"1233.0,233.0",在"Motion Tools 2"脚本面板,单击"锚点居中"按钮,如图 7-76 所示,将时间指示器移动到 0:00:04:00 处,添加"缩放"关键帧,设置参数值为"500.0,500.0%",添加"不透明度"关键帧,设置参数值为 0%,将时间指示器移动到 0:00:04:13 处,设置"不透明度"参数值为 100%,设置"缩放"参数值为"100.0,100.0%",如图 7-77 所示。

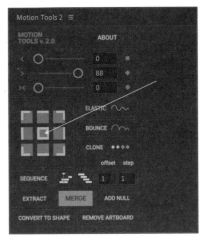

图 7-76 脚本"锚点居中"按钮

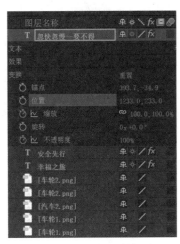

图 7-77 文本关键帧设置

㉒ 将时间指示器移动到 0:00:04:14 处，在"Motion Tools 2"脚本面板单击"复制关键帧"按钮，如图 7-78 所示。将时间指示器移动到 0:00:05:03 处，在"Motion Tools 2"脚本面板单击"复制关键帧"按钮，如图 7-79 所示。

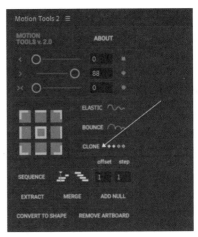

图 7-78 脚本"复制关键帧"按钮

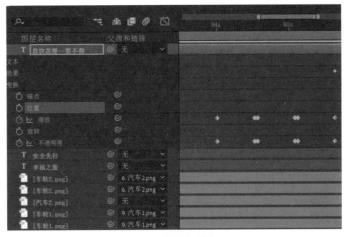

图 7-79 关键帧复制效果

㉓ 选择所有"文本"图层，选择"效果→透视 →投影"命令，添加"投影"效果，增加文字立体效果。

㉔ 在"时间轴"面板选择"忽快忽慢 -- 要不得"文本素材，将时间指示器移动到 0:00:05:16 处，选择"效果→颜色校正 →更改颜色"命令，添加"更改颜色"效果，单击"色相"参数左侧"码表"添加关键帧，如图 7-80 所示。将时间指示器移动到 0:00:06:02 处，设置"色相"参数值为 100%，如图 7-81 所示。

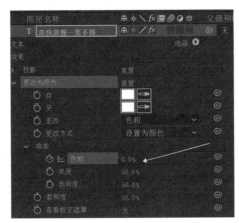

图 7-80 更改颜色效果设置

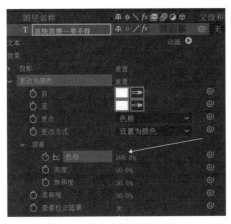

图 7-81 "色相"参数设置效果

㉕ 在"时间轴"面板选择"忽快忽慢 -- 要不得"文本素材，单击"色相"参数文字，即可选中创建的所有关键帧，将时间指示器移动到 0:00:06:03 处，在"Motion Tools 2"脚本面板单击"复制关键帧"按钮。

㉖ 测试并调整视频效果，最后渲染导出视频。

7.3 了解与应用脚本

1. 脚本的概念

脚本是告知应用程序执行一系列操作的命令。可以在大多数 Adobe 应用程序中使用脚本来自动执行重复性任务、复杂计算，甚至使用一些没有通过图形用户界面直接显露的功能。例如，可以指示 After Effects 对一个合成中的图层重新排序、查找和替换文本图层中的源文本，或者在渲染完成时发送一封电子邮件。

After Effects 脚本使用 Adobe ExtendScript 语言，该语言是 JavaScript 的一种扩展形式。ExtendScript 文件具有 .jsx 或 .jsxbin 文件扩展名。

2. 加载和运行脚本

（1）加载脚本

当 After Effects 启动时，将从"Scripts"文件夹加载脚本。对于 After Effects，"Scripts"文件夹默认位于以下位置：(Windows) Program Files\Adobe\Adobe After Effects <version>\Support Files。

After Effects 自带若干脚本，这些脚本自动安装在"Scripts"文件夹中。

通过"文件→脚本"菜单可以使用加载的脚本。如果在 After Effects 运行期间编辑脚本，则必须保存更改，以便应用更改。如果在 After Effects 运行期间在"Scripts"文件夹中放置了一个脚本，则必须重新启动 After Effects，以便该脚本显示在"脚本"菜单中，但可以使用"运行脚本文件"命令立即运行这一新脚本。

注意：默认情况下，不允许脚本写入文件或通过网络通信。要想允许脚本写入文件和通过网络通信，请选择"编辑→首选项→脚本和表达式"，然后选择"允许脚本写入文件和访问网络"选项。

（2）运行脚本

● 要运行已加载的脚本，请选择"文件→脚本→脚本名称"。

● 要运行尚未加载的脚本，请选择"文件→脚本→运行脚本文件"，找到并选择脚本，单击"打开"。

● 要停止运行脚本，按【Esc】键。

 岗位知识储备——UI 动效的基本常识

1. UI 动效的常见类型

① 内容呈现类：即界面元素根据规律逐级呈现的动效，让内容呈现更为流畅丰富，还能引导用户的视觉焦点，帮助用户更好地了解产品的界面布局、结构以及重点的内容。

② 交互反馈类：用户在界面中的点击、长按、拖曳等交互操作，都需要系统即时反馈，这一类型的 UI 动效就是将反馈以动态方式呈现，从而帮助用户了解系统的响应情况，降低用户等待时间。

③ 过渡转场类：即界面在过渡转场时的动画效果，可以让界面更为生动，还能帮助用户理解界面过渡的逻辑。

④ 聚焦重点类：指添加在重点内容上的动效，这类动效可以轻易吸引用户的注意力，让用户关注界面

中的重点内容。

2.UI 动效的作用

（1）吸引、取悦用户

人脑对动态事物非常敏感，产品可以通过 UI 动效吸引和取悦用户，提高用户使用产品的耐心和兴趣。

（2）更清晰地展示产品

UI 动效可以更清晰直观地展示产品界面，提升用户与界面之间的交互细节，让用户更为全面地了解产品。

（3）利于品牌推广

UI 动效是一种很好的品牌呈现方式，鲜明独特的动效能够更清晰地表达品牌的理念和特色，更好地吸引用户，加深用户对品牌的印象。

3.UI 动效导出格式

（1）可以直接使用 gif

这个方法在技术上来说最简单，本质还是和 png、jpg 一样。大多数网站都会使用这个经济、有效、简单的方法，不过注意动效体积不宜过大。

但是这个方法有个致命缺点：gif 图片是不支持 alpha 透明度的，只支持索引透明度，也就是只会显示全透明和不透明，导致出现杂边，尤其是做透明的不规则的 gif，所以 gif 在网站上一般会加个底图来展示，以遮盖毛边。

在手机客户端，gif 的使用会对手机性能造成影响，因此手机 APP 不建议使用 gif。

（2）PNG 序列帧动画

这个方法网页端和 APP 都适用，本质就是动画的基础原理，一个一个展示图片，速度快了就成了动画。

对设计师来说，就是利用 AE 导出序列帧，技术员利用序列帧通过 css3、js 等手段进行动画制作。

这个是比较常规的处理手段，安卓和 iOS 客户端处理方式类似，只是技术手段不一样。

（3）Lottie 动画

以上两种方式也存在一些问题，比如兼容性不好，网页需要单独做，手机端也要单独开发。另外动效关键帧多了，体积也会变大。针对这些问题，Lottie 动画就出现了。

Lottie 是 AirBnb 开源的动画项目，支持 Android、iOS、ReactNaitve 三大平台，网页也可以。

对设计师来说，可以在 AE 上使用 bodymovin 插件，导出动画 json 文件，技术员调用 lottie 的代码来实现动画。动画非常流畅，效果也很惊艳。

不过需要注意的是，Lottie 动画在 AE 里面只能用矢量图形制作，如果用图片素材就不行了，本质上是把 AE 可视化的代码转换成 json 文件。

➡ 巩固练习

1. 制作"镜中天地"创意视频，如图 7-82 所示。

图 7-82 "镜中天地"创意视频效果

2. 制作"平板中的乡村"创意视频，如图 7-83 所示。

图 7-83 "平板中的乡村"创意视频效果

3. 制作"滚动的小球"创意视频，如图 7-84 所示。

图 7-84 "滚动的小球"创意视频效果

4. 制作"平稳向前"创意视频，如图 7-85 所示。

图 7-85 "平稳向前"创意视频效果

任务 1 UI 动效制作综合实例

 任务描述

通过完成本任务，能够掌握 UI 动效的创建方法，学会 UI 动效的应用技巧。最终效果如图 8-1 所示。

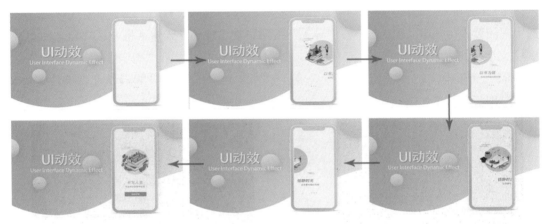

图 8-1 UI 动效效果图

 任务解析

在本任务中，需要完成以下操作。

●启动 AE，新建项目文件，进入 AE 工作界面。导入素材，基于"封面 .psd"素材新建合成，并重新设置合成时间为 9 秒。

●将"阅读人生 .psd"基于视频素材添加至"封面"合成中，调整大小和位置。

●进入"以书为媒"合成，选择所有图层，创建素材由"合成"窗口外进入"合成"窗口，再离开"合成"窗口的动画效果。

●进入"恬静时光"合成，选择所有图层，创建素材由"合成"窗口外进入"合成"窗口，再离开"合成"窗口的动画效果。

●进入"书写人生"合成，选择所有图层，创建素材由"合成"窗口外进入"合成"窗口，再离开"合成"窗口的动画效果。

●使用"图表编辑器"改变动画效果速度，实现变速运动效果。

●导出动画序列图片，再将序列图导入 Photoshop 软件，并导出为 gif 动图效果。

 操作步骤

① 启动 AE 新建项目，选择"文件→导入 →文件 ..."命令，弹出"导入文件"对话框，如图 8-2 所示，选中"封面 .psd"素材，单击"导入"按钮，在出现的导入对话框中，"导入种类"选择"合成 – 保持图层大小"，"图层选项"选择"可编辑的图层样式"，并单击"确定"导入素材，如图 8-3 所示。

图 8-2 "导入文件"对话框

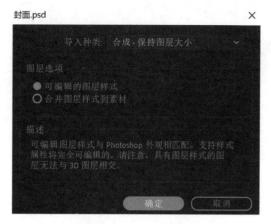

图 8-3 导入类型对话框

② 用同样的方法导入"阅读人生 .psd"素材，选择"文件→导入 →文件..."命令，弹出"导入文件"对话框，选中"阅读人生 .psd"素材，单击"导入"按钮，在出现的导入对话框中，"导入种类"选择"合成 – 保持图层大小"，"图层选项"选择"可编辑的图层样式"，并单击"确定"导入素材。

③ 在"项目"面板中，双击打开"封面"合成，如图 8-4 所示，拖曳"阅读人生"合成素材到"封面"合成"时间轴"面板上部，如图 8-5 所示。

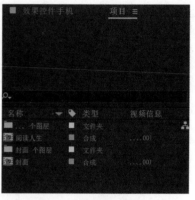

图 8-4 项目面板合成素材

图 8-5 时间轴面板效果

④ 调整"阅读人生"合成素材的大小和位置，将素材的"缩放"参数值设置为 33%，"位置"参数值设置为"782.0，339.0"，如图 8-6 所示，实现"合成"效果，如图 8-7 所示。

图 8-6 图层参数设置

图 8-7 合成面板效果

⑤ 在"时间轴"面板中双击"阅读人生"合成，进入"阅读人生"合成时间轴面板，如图 8-8 所示，在"时间轴"面板中双击"以书为媒"合成，进入"以书为媒"合成时间轴面板，如图 8-9 所示。

图 8-8　"阅读人生"合成时间轴面板

图 8-9　"以书为媒"合成时间轴面板

⑥ 在"时间轴"面板中将时间指示器移动到 0:00:00:00 处，选择所有图层，按快捷键【P】，打开"位置"属性，单击"位置"左侧"码表"创建关键帧，如图 8-10 所示。

图 8-10　所有图层添加关键帧

⑦ 在"时间轴"面板中将时间指示器移动到 0:00:01:15 处，单击"位置"左侧"添加 / 移除关键帧"按钮添加关键帧，再将时间指示器移动到 0:00:00:00 处，向右拖动"位置"属性第一个参数值，如图 8-11 所示，直到所有图层内容移出"合成"面板，如图 8-12 所示。

图 8-11　同时调整"位置"属性效果

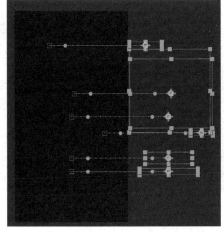

图 8-12　图层右侧移出时间轴面板效果

⑧ 在"时间轴"面板中将时间指示器移动到 0:00:00:20 处，单击"位置"左侧"添加 / 移除关键帧"按钮添加关键帧，再将时间指示器移动到 0:00:02:05 处，单击"位置"左侧"添加 / 移除关键帧"按钮添加关键帧，如图 8-13 所示，向左拖动"位置"属性第一个参数值，直到所有图层内容移出"合成"面板，如图 8-14 所示。

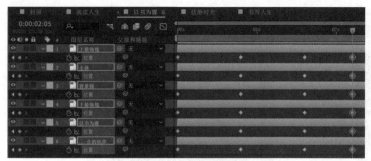

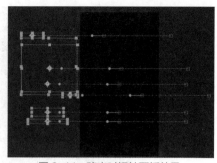

图 8-13　"位置"属性调整效果图　　　　　　　　　　图 8-14　移出时间轴面板效果

⑨ 在"时间轴"面板中，选择所有添加的关键帧，按快捷键【F9】，创建缓动效果，打开"图表编辑器"面板，编辑"速度图表"，调整曲线控制手柄，实现快进慢出"合成"面板效果，如图 8-15 所示。

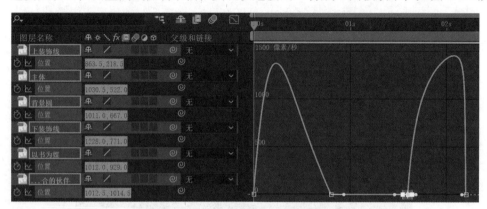

图 8-15　"图表编辑器"调整效果图

⑩ 在"时间轴"面板中将时间指示器移动到 0:00:00:02 处，选择图层 2 至图层 6 的所有关键帧，整体移动到时间指示器处；指示器移动到 0:00:00:04 处，选择图层 3 至图层 6 的所有关键帧，整体移动到时间指示器处；指示器移动到 0:00:00:06 处，选择图层 4 至图层 6 的所有关键帧，整体移动到时间指示器处；指示器移动到 0:00:00:08 处，选择图层 5 至图层 6 的所有关键帧，整体移动到时间指示器处；指示器移动到 0:00:00:10 处，选择图层 6 的所有关键帧，整体移动到时间指示器处，如图 8-16 所示。

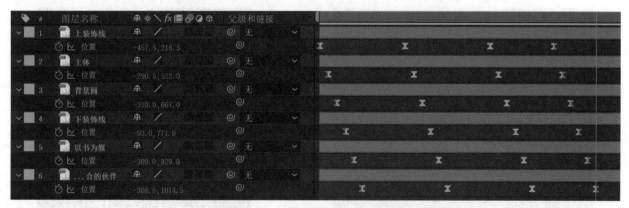

图 8-16　"以书为媒"合成关键帧效果

⑪ 在"时间轴"面板中将时间指示器移动到 0:00:02:15 处，返回"阅读人生"合成并打开"恬静时光"合成，选择所有图层，按快捷键【P】，打开"位置"属性，单击"位置"左侧"码表"创建关键帧，如图 8-10 所示。

⑫ 在"时间轴"面板中将时间指示器移动到 0:00:03:10 处，单击"位置"左侧"添加 / 移除关键帧"按钮添加关键帧，再将时间指示器移动到 0:00:02:15 处，向右拖动"位置"属性第一个参数值，直到所有图层内容移出"合成"面板。

⑬ 在"时间轴"面板中将时间指示器移动到 0:00:04:05 处，单击"位置"左侧"添加 / 移除关键帧"按钮添加关键帧，再将时间指示器移动到 0:00:04:20 处，单击"位置"左侧"添加 / 移除关键帧"按钮添加关键帧，向左拖动"位置"属性第一个参数值，直到所有图层内容移出"合成"面板。

⑭ 在"时间轴"面板中，选择所有添加的关键帧，按快捷键【F9】，创建缓动效果，打开"图表编辑器"面板，编辑"速度图表"，调整曲线控制手柄，实现快进慢出"合成"面板效果，如图 8-17 所示。

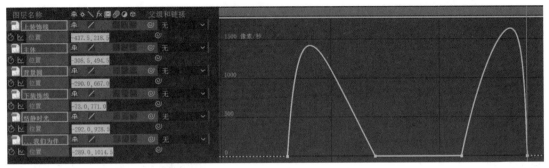

图 8-17 "图表编辑器"调整效果图

⑮ 在"时间轴"面板中将时间指示器移动到 0:00:02:17 处，选择图层 2 至图层 6 的所有关键帧，整体移动到时间指示器处；指示器移动到 0:00:02:19 处，选择图层 3 至图层 6 的所有关键帧，整体移动到时间指示器处；指示器移动到 0:00:02:21 处，选择图层 4 至图层 6 的所有关键帧，整体移动到时间指示器处；指示器移动到 0:00:02:23 处，选择图层 5 至图层 6 的所有关键帧，整体移动到时间指示器处；指示器移动到 0:00:03:00 处，选择图层 6 的所有关键帧，整体移动到时间指示器处，如图 8-18 所示。

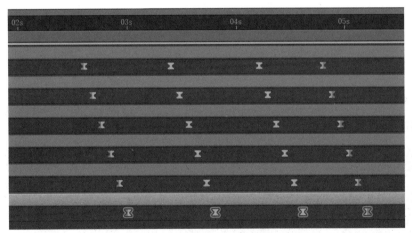

图 8-18 "恬静时光"合成关键帧效果

⑯ 在"时间轴"面板中将时间指示器移动到 0:00:05:05 处，返回"阅读人生"合成并打开"书写人生"合成，选择所有图层，按快捷键【P】，打开"位置"属性，单击"位置"左侧"码表"创建关键帧。

⑰ 在"时间轴"面板中将时间指示器移动到 0:00:06:00 处，单击"位置"左侧"添加 / 移除关键帧"按钮添加关键帧，再将时间指示器移动到 0:00:05:05 处，向右拖动"位置"属性第一个参数值，直到所有图层内容移出"合成"面板。

⑱ 在"时间轴"面板中将时间指示器移动到 0:00:06:20 处，单击"位置"左侧"添加 / 移除关键帧"按钮添加关键帧，再将时间指示器移动到 0:00:07:10 处，单击"位置"左侧"添加 / 移除关键帧"按钮添加关键帧，向左拖动"位置"属性第一个参数值，直到所有图层内容移出"合成"面板。

⑲ 在"时间轴"面板中，选择所有添加的关键帧，按快捷键【F9】，创建缓动效果，打开"图表编辑器"面板，编辑"速度图表"，调整曲线控制手柄，实现快进慢出"合成"面板效果。

⑳ 在"时间轴"面板中将时间指示器移动到 0:00:05:07 处，选择图层 2 至图层 7 的所有关键帧，整体

移动到时间指示器处；指示器移动到 0:00:05:09 处，选择图层 3 至图层 7 的所有关键帧，整体移动到时间指示器处；指示器移动到 0:00:05:11 处，选择图层 4 至图层 7 的所有关键帧，整体移动到时间指示器处；指示器移动到 0:00:05:13 处，选择图层 5 至图层 7 的所有关键帧，整体移动到时间指示器处；指示器移动到 0:00:05:15 处，选择图层 6 至图层 7 的所有关键帧，整体移动到时间指示器处；选择图层 7 的所有关键帧，指示器移动到 0:00:05:17 处，整体移动到时间指示器处。

㉑ 在"时间轴"面板中将时间指示器移动到 0:00:00:00 处，返回"阅读人生"合成，选择"点 1"图层，单击鼠标右键，选择"图层样式→颜色叠加"命令，如图 8-19 所示，设置"颜色叠加"中的"颜色"值为"B3B3B3"，如图 8-20 所示。

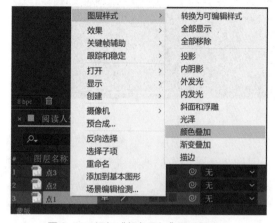

图 8-19　添加"颜色叠加"图层样式

图 8-20　设置颜色

㉒ 在"时间轴"面板中将时间指示器移动到 0:00:00:10 处，单击"颜色"左侧"码表"创建关键帧，时间指示器移动到 0:00:00:12 处，设置"颜色"参数值为"109CE8"，时间指示器移动到 0:00:01:15 处，单击"颜色"左侧"添加/移除关键帧"按钮添加关键帧，时间指示器移动到 0:00:02:18 处，设置"颜色"参数值为"B3B3B3"，如图 8-21 所示。

图 8-21　"点 1"图层关键帧设置

㉓ 在"时间轴"面板中选择所有"颜色叠加→颜色"关键帧，按快捷键【Ctrl+C】复制属性，选择"点 2"图层，将时间指示器移动到 0:00:02:22 处，按快捷键【Ctrl+V】粘贴属性给"点 2"图层，选择"点 3"图层，时间指示器移动到 0:00:05:15 处，按快捷键【Ctrl+V】粘贴属性给"点 3"图层，如图 8-22 所示。

图 8-22　"点"图层颜色设置

㉔ 返回"阅读人生"合成，按快捷键【Ctrl+M】，将合成添加到渲染队列，设置"格式"为"H.264"，渲染导出，如图 8-23 所示。

图 8-23　"阅读人生"渲染设置

㉕ 返回"封面"合成，按快捷键【Ctrl+M】，将合成添加到渲染队列，设置"格式"为"H.264"，渲染导出。

㉖ 启动 Photoshop 2023，分别打开"阅读人生 .mp4"和"封面 .mp4"，如图 8-24、图 8-25 所示。

图 8-24　"阅读人生"视频打开效果

图 8-25　"封面"视频打开效果

㉗ 选择"文件→导出→存储为 Web 所用格式"命令，如图 8-26 所示，单击"存储"按钮，设置存储位置，如图 8-27 所示。

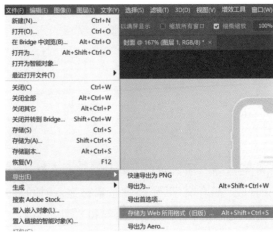

图 8-26　导出设置

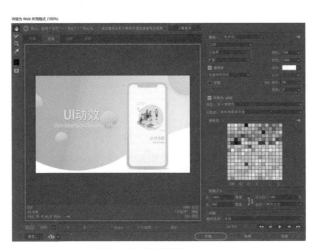

图 8-27　存储设置

㉘设置 gif 动画存储位置，如图 8-28 所示，最后测试动画效果。

图 8-28　gif 动画存储

任务 2　广告动画综合实例

任务描述

通过完成本任务，能够对所学知识——合成的嵌套、摄像机动画、轨道遮罩、蒙版、梯度渐变等综合应用、融会贯通、举一反三，以达到行业要求，完成企业实际项目。最终效果如图 8-29 所示。

图 8-29　广告动画效果图

任务解析

在本任务中，需要完成以下操作。

●启动 AE，新建项目文件。利用"导入"命令将视频、图片素材导入项目面板，并分类整理素材。

●制作简介合成。新建合成，命名为"简介"。首先制作嵌套合成"简介文字"，将背景素材拖入时间轴，新建文本图层，输入文字，然后将"简介文字"拖入"简介"合成的时间轴，给文本图层和"简介文字"合成加轨道遮罩效果，并利用"父级和链接"功能实现动画的同步。

●各种茶品广告及文案合成的制作。新建合成，命名为"大红袍""正山小种""白茶""茶园""铁观音"，给背景添加动画，通过轨道遮罩效果，并利用"父级和链接"功能实现动画的同步。

●"店招"合成的制作。新建合成，命名为"店招"。利用摄像机动画制作文体效果动画。

●新建合成"main"，制作最终效果，分别将各个合成拖入时间轴的正确位置。

操作步骤

① 启动 AE 新建项目，选择"文件→导入→文件…"命令，弹出"导入文件"对话框，如图 8-30 所示，选中所有素材，单击"导入"按钮，将素材导入项目面板中，如图 8-31 所示。

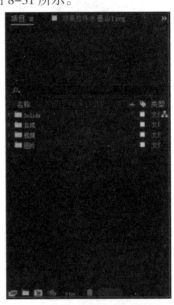

图 8-30　"导入文件"对话框　　　　　　　　　　图 8-31　导入素材并整理后的"项目"面板

② 拖曳"简介背景 .jpg"素材到"项目"面板底部的"新建合成"按钮上，新建"简介"合成。

③ 拖曳"水墨 1.mov"到"时间轴"面板上，选择"简介背景 .jpg"层，单击"轨道遮罩"下拉列表，选择"水墨 1.mov"，如图 8-32 所示，然后单击 ⬤ 切换成亮度遮罩 ▣ ，并单击遮罩反转按钮 ▣ ，效果如图 8-33 所示。

图 8-32　轨道遮罩　　　　　　　　　　　　　　图 8-33　添加轨道遮罩后的效果

④ 制作"简介背景 .jpg"的缩放动画，在时间轴第 1 帧处按下"缩放"的"时间变化秒表"，设置缩放数值为"380.0，320.0%"，再适当调整"水墨 1.mov"的缩放比例，使其与"简介背景 .jpg"大小相同，在第 4 秒处调整"简介背景 .jpg"缩放数值为"420.0，340.0%"，第 5 秒处调整"简介背景 .jpg"缩放数值为"2800.0，2400.0%"，具体如图 8-34 所示。

图 8-34　缩放动画的时间轴

⑤嵌套合成"简介文字"的制作。拖曳"印章.png"素材到"项目"面板底部的"新建合成"按钮上，新建"简介文字"合成。新建文本层，选择"直排文字工具"，输入"和福茶庄"，调整位置到印章上方，如图8-35所示。设置字体为"隶书"，大小为"130像素"，如图8-36所示。

图8-35　"和福茶庄"设置　　　　　　　　图8-36　调整后的"和福茶庄"文字效果

⑥新建文本层，选择"直排文字工具"，将文本素材"简介"部分复制过来，调整位置如图8-37所示，设置字体为"宋体"，大小为"30像素"，颜色为"690C0C"，如图8-38所示。

图8-37　"简介"部分参数设置　　　　　　图8-38　调整的"简介"部分文字效果

⑦回到"简介"合成，将"简介文字"合成拖动到时间轴上"水墨1"上方，分别拖动"129水墨.mp4""仙鹤.mov"到时间轴上，图层顺序如图8-39所示，给合成"简介文字"层添加"轨道遮罩→亮度遮罩"，选中"简介文字"层单击"父级和链接"后的下拉列表，选择"简介背景"，实现与背景动画一致。

图8-39　"简介"合成的图层顺序

⑧拖曳"01.jpg"素材到"项目"面板底部的"新建合成"按钮上，新建"大红袍"合成。制作图片的缩放动画，在第1帧处按下"缩放"前的"时间变化秒表"，设置数值为"200.0，216.0%"，第2秒20帧添加关键帧，设置数值为"88.0，75.0%"，第3秒添加关键帧，设置数值为"85.0，72.0%"。在第1帧处按下"缩放"前的"时间变化秒表"，设置数值为"200.0，216.0%"，第2秒20帧添加关键帧，设置数值为"88.0，75.0%"，第3秒添加关键帧，设置数值为"85.0，72.0%"。接下来制作淡出的效果，在第2秒18帧处，按下"不透明度"的"时间变化秒表"，设置数值为"100%"，第3秒添加关键帧，设置"不透明度"为"0%"，参数设置如图8-40所示。

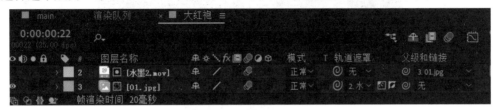

图 8-40　图层 "01.jpg" 时间轴

⑨将素材 "水墨 2.mov" 拖入时间轴，继承 "01.jpg" 层的动作。设置 "01.jpg" 的 "轨道遮罩" 为 "亮度遮罩"，选择遮罩层为 "水墨 2.mov"，如图 8-41 所示，实现同步动画的效果，如图 8-42 所示。

图 8-41　轨道遮罩设置 1

图 8-42　添加亮度遮罩后的效果 1

⑩将素材 "01.jpg" 拖入时间轴，在第 2 秒 20 帧处按下 "位置" 前的 "时间变化秒表"，设置数值为 "960.0，540.0"，第 3 秒 15 帧添加关键帧，设置数值为 "2410.0，54.0"，制作向右侧驶出的效果；在第 1 帧处按下 "缩放" 前的 "时间变化秒表"，设置数值为 "100.0，100.0%"，第 3 秒 15 帧添加关键帧，设置数值为 "45.0，40.0%"。接下来制作淡出的效果，在第 2 秒 18 帧处按下 "不透明度" 的 "时间变化秒表"，"不透明度" 为 "100%"，第 3 秒添加关键帧，设置 "不透明度" 为 "0%"，参数设置如图 8-43 所示。将素材 "129 水墨 .mp4" 拖入时间轴，设置继承 "01.jpg" 层的动作，实现同步动画的效果。设置 "01.jpg" 的 "轨道遮罩" 为 "亮度遮罩"，选择遮罩层为 "129 水墨 .mp4"，如图 8-44 所示，测试效果如图 8-45 所示。

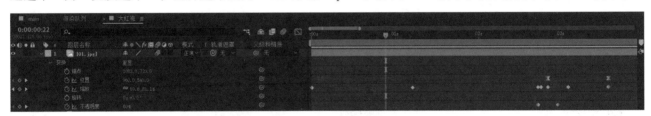

图 8-43　"01.jpg" 层的 "变换" 设置

图 8-44　轨道遮罩设置 2

图 8-45　添加亮度遮罩后的效果 2

⑪制作嵌套合成 "大红袍文案"。拖曳 "印章 .png" 素材到 "项目" 面板底部的 "新建合成" 按钮上，新建 "大红袍文案" 合成。新建文本层，选择 "直排文字工具"，输入 "大红袍"，调整位置到印章上方，设置字体为 "隶书"，大小为 "130 像素"。新建文本层，选择 "直排文字工具"，将文本素材 "茶中之王岩骨花香" 复制过来，设置字体为 "方正悬针篆体"，大小为 "70 像素"，颜色为 "690C0C"，如图 8-46 所示。

图 8-46　调整后的"大红袍"文字效果

⑫ 回到"大红袍"合成，将"大红袍文案"合成拖动到时间轴上，分别拖动素材"129 水墨 .mp4" "仙鹤 .mov"到时间轴上，图层顺序如图 8-47 所示，给合成"大红袍文案"层添加"轨道遮罩→亮度遮罩"，选中"大红袍文案"层单击"父级和链接"后的下拉列表，选择"01.jpg"，实现与背景动画一致。设置"129 水墨 .mp4"继承"大红袍文案"层的变换，得到的效果如图 8-48 所示。

图 8-47　图层顺序

图 8-48　文案效果

⑬ 重复第⑧ ～⑫ 步骤，完成合成"古树白茶""正山小种""茶园""铁观音"的制作。

⑭ 执行菜单"合成→新建→合成"命令，输入名称"店招动画"，创建合成，将"古风 .png"拖入时间轴，执行菜单"图层→新建→纯色"命令，新建固态层。拖动素材"水墨山 1.png"到时间轴，选择钢笔工具绘制如图 8-49 所示的形状路径，显示部分山峰，重复拖入几次素材"水墨山 1.png"，根据需要制作形状路径，制作重峦叠嶂的效果，如图 8-50 所示。

图 8-49　遮罩形状

图 8-50　"水墨山"效果

⑮ 拖动素材"001_Ink_Drops.mov"到时间轴，单击 ，使用三维图层效果，设置方向为"240.0°，0.0°，0.0°"。执行菜单"效果→颜色校正→ CC Toner"命令，打开"效果控件"面板，调整"CC Toner"效果中"Highlights"为绿色（00FF06），如图 8-51 所示，"001_Ink_Drops.mov"效果如图 8-52 所示。执行菜单"效果→ Keying → Keylight(1.2)"命令，在"效果控件"面板增加如图 8-53 所示的效果参数，单击"Screen Colour"后面的吸管工具 ，吸取"001_Ink_Drops.mov"中的绿色，得到如图 8-54 所示的效果，按小键盘上的【0】键预览测试动画，若效果满意，单击菜单命令"合成→添加到渲染队列"，指定渲染的文件名、保存路径、视频格式，进行渲染输出。

图 8-51　"CC Toner"设置

图 8-52　添加"CC Toner"后的效果

图 8-53　"Keylight(1.2)"参数

图 8-54　添加"Keylight(1.2)"后的效果

⑯制作嵌套合成"店招文案"。拖曳"印章 .png"素材到"项目"面板底部的"新建合成"按钮上，新建"店招文案"合成。新建文本层，选择"直排文字工具"，输入"品茶香"，调整位置到印章上方，输入"和福茶荘"，调整合适位置，设置字体为"行楷"，大小为"320 像素"，执行菜单"效果→生成→梯度渐变"命令，打开"效果控件"面板，设置"渐变起点"为"1200.0，200.0"，"渐变终点"为"900.0，500.0"，"起始颜色"为红色，"结束颜色"为黑色，"渐变形状"为"线性渐变"，如图 8-55 所示，文字由红色到黑色的渐变效果如图 8-56 所示。使用同样的方法，完成其他文字的输入，时间轴如图 8-57 所示，效果如图 8-58 所示。

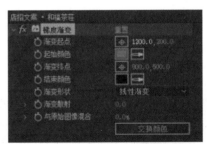

图 8-55　梯度渐变

图 8-56　添加梯度渐变后的文字效果

图 8-57　文本层顺序

图 8-58　文字效果

⑰回到"店招动画"合成，拖动素材"129 水墨 .mp4"到时间轴第 1 秒 11 帧处，给合成"店招文案"层添加"轨道遮罩→亮度遮罩"，选择遮罩层为"129 水墨 .mp4"。

⑱拖动素材"冲击波 .mp4"到时间轴第 1 秒处，执行菜单"效果→过时→亮度键"命令，打开"效果控件"面板，"键控类型"选择"抠出较暗区域"，"阈值"为"50"，"容差"为"80"，"羽化边缘"为"70.0"，

执行菜单"效果→颜色校正→ CC Toner"命令,打开"效果控件"面板,单击"CC Toner"效果中"Highlights"后的吸管工具 ,吸取"冲击波 .mp4"内的白色区域,设置成绿色(00FF06),如图 8-59 所示,得到如图 8-60 所示的效果。

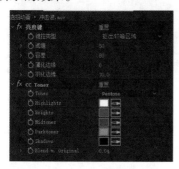

图 8-59 "效果控件"面板

图 8-60 "冲击波 .mp4"效果

⑲ 拖动素材"birds.mov""仙鹤 .mov""茶罐 .png"到时间轴,并调整到合适位置,执行菜单"图层→新建→调整图层"命令,选中调整图层,执行菜单"图层→颜色校正→曲线"命令,分别调整绿色和蓝色通道的曲线如图 8-61 所示,效果如图 8-62 所示。

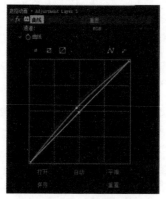

图 8-61 "曲线"面板

图 8-62 添加调整图层后的效果

⑳ 执行菜单"图层→新建→摄像机"命令,添加摄像机,按下【P】键,按下"位置"前的"时间变化秒表",第 1 帧设置数值为"960.0,540.0,-400.0",第 1 秒添加关键帧,设置数值为"960.0,540.0,-150.0",第 8 秒 20 帧添加关键帧,设置数值为"960.0,540.0,-120.0",如图 8-63 所示,预览效果如图 8-64 所示。

图 8-63 摄像机时间轴

图 8-64 添加摄像机动画后的效果

㉑ 拖曳"封面 .jpg"素材到"项目"面板底部的"新建合成"按钮上,新建"main"合成。执行菜单"效果→颜色校正→ CC Toner"命令,打开"效果控件"面板,设置"Midtones"为"EEBB8D",如图 8-65 所

示，"封面 .jpg"效果如图 8-66 所示。

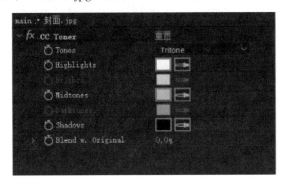

图 8-65　"CC Toner"面板

图 8-66　添加"CC Toner"后的效果

㉒ 拖曳"简介"合成到时间轴上，起始位置到第 5 秒。定位到时间轴第 5 秒处，分别把几个合成"大红袍""古树白茶""正山小种""茶园""铁观音"拖曳到时间轴上，位置如图 8-67 所示。定位到时间轴第 23 秒处，拖曳"店招动画"到时间轴上，得到最终效果。

图 8-67　"main"合成的图层顺序

㉓ 单击预览面板中的按钮进行预览，观察动画效果是否满意。若效果满意，单击菜单命令"合成→添加到渲染队列"，指定渲染的文件名、保存路径、视频格式，单击"渲染"按钮进行渲染输出。

任务 3　大风车——栏目包装综合实例

 任务描述

通过完成本任务，能够掌握图层三维效果、摄像机、关键帧动画、蒙版创建编辑等基础操作技巧。最终效果如图 8-68 所示。

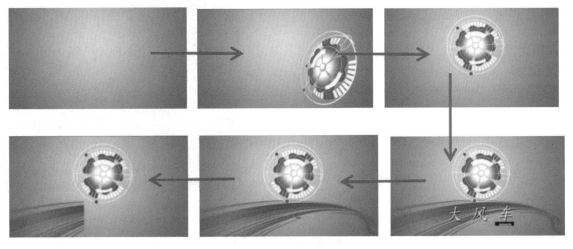

图 8-68　"大风车"效果图

任务解析

在本任务中，需要完成以下操作。

● 启动 AE，新建项目文件，进入 AE 工作界面。基于"风车"素材新建合成，利用"导入"命令将图片和文字素材导入项目面板。使用"背景"素材创建合成，添加素材和合成，调整图层位置。

● 设置三维图层，创建关键帧动画效果。打开图层三维开关，激活关键帧，为大风车创建转动效果。

● 新建摄像机，制作摄像机运动效果。

● 为素材添加蒙版，制作渐现效果。为素材添加矩形蒙版，制作蒙版关键帧动画。

● 添加文字，制作文字放大动画效果。通过添加大小关键帧动画，完成文字动画效果，最终完成大风车栏目片头效果。

 操作步骤

① 启动 AE 新建项目，选择"文件→导入→文件 ..."命令，弹出"导入文件"对话框，如图 8-69 所示。选中"背景 .jpg""大风车文字 .psd""飘带 .psd"素材，单击"导入"按钮，将素材导入项目面板中，如图 8-70 所示。

图 8-69 "导入文件"对话框

图 8-70 导入素材后的项目面板

② 执行菜单栏中的"文件→导入→文件 ..."命令，打开"导入文件"对话框，选择"风车 .psd 素材"，如图 8-71 所示。

图 8-71 "导入文件"对话框

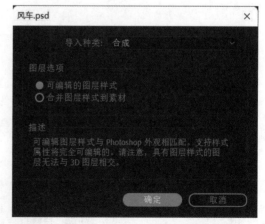
图 8-72 以合成的方式导入素材

③ 单击"导入"按钮，打开以素材名"风车 .psd"命名的对话框，在"导入种类"下拉列表框中选择"合成"选项，将素材以合成的方式导入，如图 8-72 所示，单击"确定"按钮，将素材导入项目面板中，系统

将建立以"风车"命名的新合成，如图 8-73 所示。修改"风车"合成的持续时间为 00:00:15:00，如图 8-74 所示。

图 8-73 导入"风车 .psd"素材

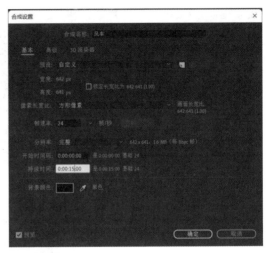

图 8-74 "风车"合成设置

④ 双击项目面板的"风车"合成，打开"风车"合成的时间轴面板，选中时间轴中的所有素材层，单击打开素材层名称右边的三维开关，如图 8-75 所示。

图 8-75 "风车"时间轴面板

⑤ 调整时间到 00:00:00:00 帧的位置，单击"圆环"素材层，按【R】键打开"旋转"属性，单击"Z 轴旋转"属性左侧的"码表" 按钮，在当前时间建立关键帧，如图 8-76 所示，效果如图 8-77 所示。

图 8-76 Z 轴旋转建立关键帧

图 8-77 Z 轴旋转合成窗口 1

⑥ 拖动时间轴到 00:00:03:09 帧的位置，修改 Z 轴旋转值为 200°，系统将自动建立关键帧，如图 8-78 所示，效果如图 8-79 所示。

图 8-78 修改 Z 轴旋转的值

图 8-79 Z 轴旋转合成窗口 2

⑦ 调整时间到 00:00:00:00 帧的位置，单击"圆环"素材层的 Z 轴旋转文字部分，选择全部的关键帧，按【Ctrl+C】组合键复制选中的关键帧；单击"外圆环"，按【R】键打开"旋转"属性，按【Ctrl+V】组合键粘贴关键帧，如图 8-80 所示，效果如图 8-81 所示。

图 8-80　外圆环设置 Z 轴旋转的关键帧

图 8-81　外圆环设置旋转后的合成窗口

⑧ 拖动时间轴到 00:00:03:09 帧的位置，单击时间轴面板的空白处取消选择，单击"外圆环"在当前时间的关键帧，修改 Z 轴旋转的值为 –200°，如图 8-82 所示，效果如图 8-83 所示。

图 8-82　外圆环修改旋转 Z 轴旋转的关键帧

图 8-83　外圆环设置旋转后的合成窗口

⑨ 拖动时间轴到 00:00:00:00 帧的位置，单击"风车"层，按【R】键打开"旋转"属性，单击"Z 轴旋转"属性左侧的"码表" 按钮，在当前时间建立关键帧，拖动时间轴到 00:00:03:09 帧的位置，修改 Z 轴旋转值为 300°，系统将自动建立关键帧，如图 8-84 所示，效果如图 8-85 所示。

图 8-84　风车 Z 轴旋转的关键帧

图 8-85　风车设置旋转后的合成窗口

⑩ 拖动时间轴到 00:00:00:00 帧的位置，单击"圆环指针"层，按【R】键打开"旋转"属性，单击"Z 轴旋转"属性左侧的"码表" 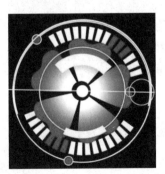 按钮，在当前时间建立关键帧，拖动时间轴到 00:00:03:09 帧的位置，修改 Z 轴旋转值为 200°，系统将自动建立关键帧，如图 8-86 所示，效果如图 8-87 所示。

图 8-86　圆环指针设置 Z 轴旋转的关键帧

图 8-87　圆环指针设置旋转后的合成窗口

⑪ 大风车平面动画制作完成，按空格键或小键盘上的【0】键在合成预览窗口播放动画，效果如图 8-88 所示。

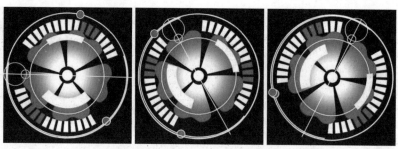

图 8-88 大风车平面效果

⑫ 开始制作立体效果。单击"外圆环"素材层，按【P】键打开"位置"属性，修改"位置"的值为"337.5，346.5，−70.0"；单击"风车"素材层，按【P】键打开位置属性，修改"位置"的值为"337.5，346.5，−20.0"；单击"圆环指针"素材层，按【P】键打开"位置"属性，修改"位置"的值为"337.5，346.5，−30.0"，如图 8-89 所示。

图 8-89 修改"位置"属性的参数值

⑬ 执行"图层→新建→摄像机"命令或按快捷键【Ctrl+Shift+Alt+C】，打开"摄像机设置"对话框，设置"预设"为 24mm，参数设置如图 8-90 所示。单击"确定"按钮，在时间轴面板中将会创建摄像机，如图 8-91 所示。

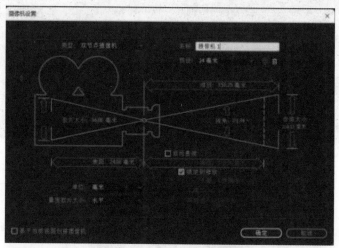

图 8-90 "摄像机设置"对话框

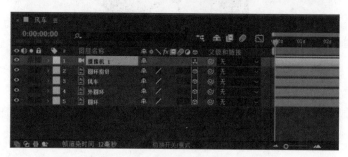

图 8-91 设置摄像机后的时间轴面板

⑭ 拖动时间轴到00:00:00:00帧的位置，展开"摄像机1"的"变换"卷展栏，单击"目标点"左侧的"码表" ⏱ 按钮，修改"目标点"的参数值为"320.0，320.0，0.0"，单击"位置"左侧的"码表" ⏱ 按钮，建立关键帧，修改"位置"的参数值为"796.5，381.5，–537.0"，单击"方向"左侧的"码表" ⏱ 按钮，建立关键帧，修改"方向"的参数值为"0.0°，295.0°，0.0°"，如图8-92所示。

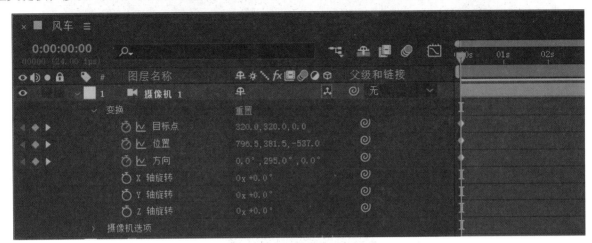

图8-92　建立摄像机关键帧动画

⑮ 拖动时间轴到00:00:03:09帧的位置，展开"摄像机1"的"变换"卷展栏，修改"目标点"的参数值为"380.8，342.3，–92.8"，修改"位置"的参数值为"839.4，571.4，–604.8"，修改"方向"的参数值为"0.0°，0.0°，0.0°"，如图8-93所示，效果如图8-94所示。

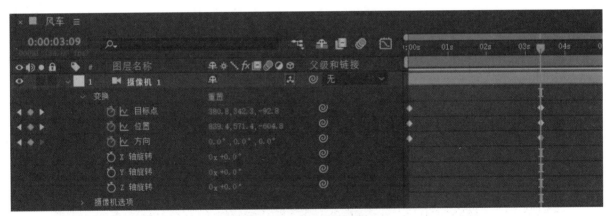

图8-93　设置摄像机动画的关键帧

图8-94　设置摄像机后的合成窗口

⑯ 拖动时间轴到00:00:05:00帧的位置，展开"摄像机1"的"变换"卷展栏，修改"目标点"的参数值为"336.5，319.5，–88.5"，修改"位置"的参数值为"365.0，372.9，–870.8"，如图8-95所示，合成效果如图8-96所示。

图 8-95　设置摄像机的关键帧

图 8-96　设置关键帧后的合成窗口

⑰ 拖动时间轴到 00:00:10:00 帧的位置，展开"摄像机 1"的"变换"卷展栏，修改"目标点"的参数值为"504.6，555.8，–78.2"，修改"位置"的参数值为"490.4，593.0，–966.6"；展开"圆环指针"Z 轴旋转参数值为 2x，"风车"Z 轴旋转参数值为 2x，"外圆环"Z 轴旋转参数值为 1x，"圆环"Z 轴旋转参数值为 2x，自动生成关键帧，如图 8-97 所示，效果如图 8-98 所示。

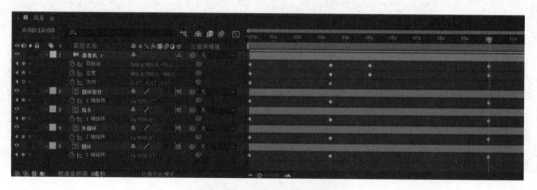

图 8-97　为图层设置关键帧

图 8-98　设置关键帧后的合成窗口

⑱ 这样风车合成层的素材立体动画就制作完成了。按空格键或小键盘上的【0】键在合成预览窗口播放动画，其效果如图 8-99 所示。

图 8-99 大风车立体效果动画

⑲ 拖曳"背景 .jpg"素材到"项目"面板底部的"新建合成" ▣ 按钮上，新建"背景"合成，将"飘带 .jpg"素材、"风车"合成、"大风车文字 .psd"拖曳到"时间轴"面板中"背景"素材上方，如图 8-100 所示，调整位置，效果如图 8-101 所示。

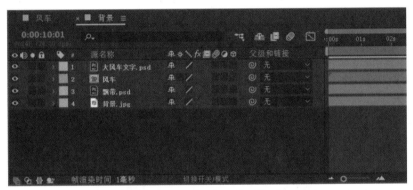

图 8-100 "背景"合成时间轴面板

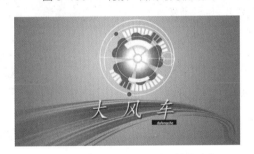

图 8-101 创建"背景"合成后的合成窗口

⑳ 选中"飘带 .psd"图层，选择矩形工具，为图层绘制矩形遮罩，如图 8-102 所示，合成效果如图 8-103 所示。

图 8-102 绘制蒙版后的时间轴面板

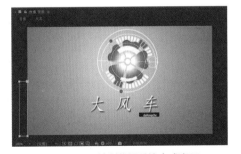

图 8-103 绘制蒙版后的合成窗口

㉑ 在"时间轴"面板中选中"飘带 .psd"图层，选择"蒙版"，打开"蒙版 1"卷展栏，将时间指示器移动到 0 秒的位置，激活"蒙版扩展"参数的"关键帧记录器" ▣ ，设置第一个关键帧，单击打开"蒙版"卷展栏，调整时间到 0:00:11:00，设置"蒙版扩展"为 702 像素，如图 8-104 所示，合成效果如图 8-105 所示。

图 8-104　设置"蒙版"动画的关键帧

图 8-105　设置蒙版后的合成窗口

㉒ 在"时间轴"面板中选中"大风车文字.psd"图层，选择"变换"，打开"变换"卷展栏，将时间指示器移动到 0:00:11:00 秒的位置，激活"缩放"参数的关键帧记录器 ，设置第一个关键帧，设置"缩放"参数为 0%，调整时间到 0:00:12:00，设置"缩放"参数为 100%，如图 8-106 所示，合成效果如图 8-107 所示。

图 8-106　设置"缩放"动画的关键帧

图 8-107　设置动画后的合成窗口

㉓ 大风车栏目片头制作完成，按空格键或小键盘上的【0】键在合成预览窗口播放动画。